영재교육원 대비

꾸러미
48제 모의고사

파이널

과학
초등6~중등

무한상상

무한상상 영재교육 연구소

영재교육원 대비를 위한...

영재란 재능이 뛰어난 사람으로서 타고난 잠재력을 개발하기 위해 특별한 교육이 필요한 사람이고 , 영재교육이란 영재를 발굴하여 타고난 잠재력이 발현될 수 있도록 도와주는 것입니다 . 그렇지만 우리 아이가 특별히 영재라고 생각하지 않는 경우가 많습니다 . 단지 몇몇의 특성과 문제를 가지고 있는 경우가 다반사입니다 . 지능지수가 높다고 해서 모두 영재는 아니며 지능지수가 낮다고 영재가 아닌 것도 아닌 것입니다 .
영재는 '동기유발' 상태에 있는 것은 맞습니다 . 새로운 체험과 그것을 바탕으로 나오는 내부로부터의 열정 등이 '동기유발' 을 시킬 것이고 우리 자녀의 미래의 모습을 결정할 것입니다 .

새로운 경험으로서 자녀를 영재교육원에 보내는 것은 바람직합니다 . 한 단계 높은 지적 영역을 경험하기 때문입니다 . 그렇지만 영재교육원 선발 시험 문제는 정확한 기준이 없기 때문에 별도의 학습이 필요합니다 . 기출문제 , 창의문제 , 탐구문제 , 요즘 강조되는 STEAM 형 (융합형) 문제를 골고루 다뤄볼 필요가 있습니다 . 또한 실생활에서의 경험을 근거로 한 문제 해결도 필요합니다 .

아이앤아이 영재교육원 대비 시리즈의 최종판인 '꾸러미 48 제 모의고사' 는 8 문항씩 6 회분의 모의고사를 싣고 있습니다 . 1 회분 8 문항은 영재성검사 해당문항 1 문항 , 창의적 문제해결력 해당문항 5 문항 , STEAM 형 (융합형) 문제 2 문항으로 구성되어 있습니다 . 기출문제 , 창의문제 , 탐구문제 , STEAM 형 (융합형) 문제가 모두 포함되도록 하였습니다 .
'꾸러미 48 제 모의고사' 시리즈는 초 1~3, 초 4~5, 초 6~ 중등 3 단계로 나누었고 수학 , 과학 두 영역을 다루므로 다루므로 총 6 권으로 구성됩니다 . '초등 아이앤아이 3,4,5,6'(전 4 권), '수학 · 과학 종합대비서 꾸러미' (전 4 권) 에 이어서 '꾸러미 120 제 수학 , 과학' (전 6 권) 을 학습한 경우 약 1 주일의 시간을 두고 '꾸러미 48 제 모의고사' 로 대비를 완결지을 수 있을 것입니다 . 해설 말미에 점수표를 확인하여 우리 아이의 수준을 확인할 수도 있습니다 .

아이앤아이 영재육원 대비 시리즈를 통해 영재교육원을 대비하는 아이들과 부모님에게 새로운 희망과 열정이 솟는 첫걸음이 되길 기대해 봅니다 .

- 무한상상 영재교육 연구소

영재교육원에서 영재학교까지

01. 영재교육원 대비

아이앤아이 영재교육원 대비 시리즈는 '영재교육원 대비 수학·과학 종합서 꾸러미', '꾸러미 120 제'(수학 과학), '꾸러미 48 제 모의고사'(수학 과학), 학년별 초등 아이앤아이(3·4·5·6 학년), 중등 아이앤아이(물·화·생·지)(상, 하) 등이 있다. 각자 자기가 속한 학년의 교재로 준비하면 된다.

초등영재
[초등대상 영재교육원 지원자]

꾸러미 1·2·3 학년 + 꾸러미 120 제 초등 1~3 / 꾸러미 48 제 모의고사 + 아이앤아이 초 3, 과학도서

꾸러미 4·5 학년 + 꾸러미 120 제 초등 4~5 / 꾸러미 48 제 모의고사 + 아이앤아이 초 4,5, 과학도서

꾸러미 6 학년 + 꾸러미 120 제 초 6~중등 / 꾸러미 48 제 모의고사 + 아이앤아이 초 6, 과학도서

중등영재
[중등대상 영재교육원 지원자]

꾸러미 중등 + 꾸러미 120 제 초 6~중등 / 꾸러미 48 제 모의고사 초 6~중등 + 과목별 중등 아이앤아이 / 과학도서

02. 영재학교/과학고/특목고 대비

영재학교 / 과학고 / 특목고 대비교재는 세페이드 1 F(물·화), 2 F(물·화·생·지), 3 F(물·화·생·지), 4 F(물·화·생·지), 5 F(마무리), 중등 아이앤아이(물·화·생·지) 등이 있다.

	세페이드 1F	세페이드 2F	세페이드 3F	세페이드 4F	세페이드 5F	+중등 아이앤아이 (물·화·생·지)	
현재 5·6 학년	주 1~2 회 6~9 개월 과정	주 2 회 9 개월 과정	주 3 회 8~10 개월 과정	주 3 회 6 개월 과정	주 4 회 2~3 개월 과정		총 소요시간 31~36 개월
현재 중 1 학년		주 3 회 6 개월 과정	주 3 회 8 개월 과정	주 3 회 6 개월 과정	주 3~4 회 3 개월 과정		총 소요시간 약 24 개월
현재 중 2 학년		3 개월 과정	4 개월 과정	4 개월 과정	2 개월 과정		총 소요시간 약 13 개월

각 선발 단계를 준비하는 방법

▶ 교사 추천

교사는 평소 학교생활이나 수업시간에 학생의 심리적인 특성과 행동을 관찰하여 학생의 영재성을 진단하고 평가한다. 특히, 창의성, 호기심, 리더십, 자기주도성, 의사소통능력, 과제집착력 등을 평가한다. 따라서 교사 추천을 받기 위한 기본적인 내신관리를 해야 하며 수업태도, 학업성취도가 우수하여야 한다. 교과 내용의 전체 내용을 이해하고 문제를 통해 개념을 정리한다. 이때 개념을 오래 고민하고, 깊이 있게 이해하여 스스로 문제를 해결하는 능력을 키운다. 수업시간에는 주도적이고, 능동적으로 수업에 참여하고, 과제는 정해진 방법 외에도 여러 가지 다양하고 새로운 방법을 생각하여 수행한다. 수업 외에도 흥미를 느끼는 주제나 탐구를 직접 연구해 보고, 그 결과물을 작성해 놓는다.

▶ 영재성 검사

잠재된 영재성에 대한 검사로, 영재성을 이루는 요소인 창의성과 언어, 수리, 공간 지각 등에 대한 보통 이상의 지적능력을 측정하는 문항들을 검사지에 포함 시켜 학생들의 능력을 측정한다. 평소 꾸준한 독서를 통해 기본 정보와 새로운 정보를 얻어 응용하는 연습으로 내공을 쌓고, 서술형 및 개방형 문제들을 많이 접해 보고 논리적으로 답안을 표현하는 연습을 한다. 꾸러미시리즈에는 기출문제와 다양한 영재성 검사에 적합한 문제를 담고 있으므로 풀어보면서 적응하는 연습을 할 수 있다.

▶ 창의적 문제 해결력(학문적성 검사)

창의적 문제해결력 검사는 수학, 과학, 발명, 정보 과학으로 구성되어 있으며, 사고능력과 창의성을 측정하는 것을 기본 방향으로 하여 지식, 개념의 창의적 문제해결력을 측정한다. 해당 학년의 교육과정 범위내에서 각 과목의 개념과 원리를 얼마나 잘 이해하고 있는지 측정하는 검사이다. 심화학습과 사고력 학습을 통해 생각의 깊이와 폭을 확장시키고, 생활 속에서 일어나는 일들을 학습한 개면과 연관시켜 생각해 보는 것이 중요하다. 꾸러미 시리즈는 교육과정 내용과 심화학습, 창의력 문제를 통해 창의성을 넓게 기를 수 있도록 도와주고 있다.

▶ 심층 면접

심층 면접을 통해 영재교육대상자를 최종선정한다. 심층 면접은 영재행동특성 검사, 포트폴리오 평가, 수행평가, 창의인성 검사 등에서 제공하지 못하는 학생들의 특성을 역동적으로 파악할 수 있는 방법이고, 기존에 수집된 정보로 확인된 학생의 특성을 재검증하고, 학생의 특성을 심층적으로 파악하는 과정이다. 이 단계에서 예술 분야는 실기를 실시할 수도 있으며, 수학이나 과학에 대한 실험을 평가하는 등 각 기관 및 시도교육청에 따라 형태가 달라질 수 있다. 면접에서는 평소 관심 있는 분야나 자기소개서, 창의적 문제해결력, 문제의 해결 과정에 대해 질문할 가능성이 높다. 따라서 평소 자신의 생각을 논리적으로 표현하는 연습이 필요하다. 단답형으로 짧게 대답하기보다는 자신의 주도성과 진정성이 드러나도록 자신 있게 이야기하는 것이 중요하다. 자신이 좋아하는 분야에 대한 관심과 열정이 드러나도록 이야기하고, 평소 육하원칙에 따라 말하는 연습을 해 두면 많은 도움이 된다.

Contents
차례

꾸러미 48 제 모의고사
과학 (초 6 - 중등)

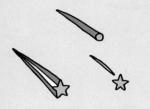

꾸러미 모의고사

1회

과학
초6-중등

- ▶ 총 문제수 : 8 문제
- ▶ 시험시간 : 70 분
- ▶ 총점 : 49 점
- ▶ 문항에 따라 배점이 다릅니다.
- ▶ 필기구 외에 계산기 등은 사용할 수 없습니다.

모의고사 점 수	나의 점수	총 점수
		49 점

□ 유창성
□ 융통성
□ 독창성
☑ 정교성

물은 100 ℃ 가 되어야 끓기 시작한다. 그전까지는 아무리 열을 가해도 대부분의 물은 온도만 높아질 뿐 액체 상태 그대로이다. 하지만 100 ℃ 가 되는 순간 물이 끓으면서 기체로 변하기 시작한다. 이처럼 주변에 일정한 한계를 넘어서야 변화가 시작되는 것에는 무엇이 있을지 쓰고 설명하시오. (많이 쓸수록 점수가 높습니다.) [5 점]

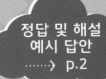

창의적 문제 해결 문항

02

☑ 유창성
☑ 융통성
☐ 독창성
☐ 정교성

늑대는 울음소리를 내서 멀리 떨어진 늑대에게 위험을 알리거나 다른 무리의 늑대를 위협하고, 벌은 꿀이 있는 곳을 알리기 위해 원 모양이나 8 자 모양으로 비행한다. 또한, 개미는 '페로몬'이라고 하는 물질을 내어서 다른 개미들이 페로몬 냄새를 맡고 먹이가 있는 곳을 찾아올 수 있도록 한다. 늑대, 벌, 개미가 정보를 전달하는 방식의 장점과 단점을 각각 한 가지씩 쓰시오. [6 점]

03 다음 글을 읽고 물음에 답하시오.

□ 유창성
□ 융통성
□ 독창성
☑ 정교성

> 피부 감각에는 통각, 압각, 냉각, 온각, 촉각이 있다. 차가운 물에 손을 넣으면 냉각점이 자극되어 차갑다고 인식을 하고, 따뜻한 물에 손을 넣으면 온각점이 자극되어 따뜻하다고 인식한다. 뜨거운 물에 손을 넣으면 온각점과 통각점이 동시에 자극된다.

우리 몸의 온도와 비슷한 물에 손을 넣으면 어떤 감각점이 자극될지 쓰고 설명하시오.

[4 점]

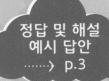

창의적 문제 해결 문항

04

☑ 유창성
☑ 융통성
☐ 독창성
☐ 정교성

눈이 많이 내린 추운 겨울날 상상이는 눈사람을 만들었다. 눈사람이 녹지 않게 하려고 햇볕이 들지 않는 곳에 눈사람을 세워 두었다. 그 후 일주일 가량 낮 최고 온도는 0 ℃ 를 넘지 않았다. 그런데 일주일 후 그 곳에 가 보니 눈사람이 많이 작아져 있었다. 눈사람이 작아진 이유와 눈사람을 최대한 작아지지 않게 하는 방법을 쓰시오. [5 점]

05 다음 무한이의 일기를 읽고 물음에 답하시오.

□ 유창성
□ 융통성
□ 독창성
☑ 정교성

> 20XX 년 10 월 14 일
>
> 제목 : 가족과 설악산 나들이
>
> 오늘 가족과 함께 설악산으로 놀러 갔다. 설악산을 오르는 케이블카를 타기 위해 기다리며 산을 올려다봤는데, 산허리에 구름이 걸려있었다. 케이블카의 종착점이 마침 구름 속이었다. 나는 구름 속에 들어가 보고 싶었기 때문에 케이블카에서 내리자마자 구름이 있는 쪽으로 달려갔다. 그런데 막상 구름이 있던 곳으로 가보니, 구름이 아니라 안개였다. 나는 실망한 표정으로 동생에게 "안개였잖아?! 그냥 가자." 라고 했다. 그러자 동생은 "이건 구름이야!" 라고 말했다. 안개를 구름이라고 우기는 동생이 이해가 안 됐지만, 싸우기 귀찮아서 그냥 아무 말 하지 않고 산에서 내려왔다.

무한이와 동생이 본 것은 구름인지 안개인지 쓰고 설명하시오. [4 점]

창의적 문제 해결 문항

06

□ 유창성
□ 융통성
□ 독창성
☑ 정교성

혜원이는 당구공을 가지고 선영이와 게임을 하기로 했다. 다음 <보기> 의 경기 규칙을 읽고 물음에 답하시오.

<보기>

① 선영이와 혜원이는 마주 보고 동시에 당구공을 굴린다.

② 당구공을 굴리고 두 공이 서로 부딪힌 후, 만약 혜원이가 굴린 공이 더 빠르게 튕겨 돌아오면 선영이가 점수를 얻는다.

④ 당구공은 양 옆이 막힌 레일 위로 굴리며, 두 개의 당구공은 정면으로 충돌한다.

⑤ 충돌 후 공은 반드시 공을 굴린 사람 쪽으로 튕겨 돌아온다.

게임을 했을 때, 혜원이가 점수를 얻을 수 있는 방법을 최대한 많이 쓰시오. (많이 쓸수록 점수가 높습니다.) [5 점]

07 '유니버설 디자인'이란 성별, 연령, 국적, 문화적 배경, 장애의 유무에 상관없이 누구나 손쉽게 쓸 수 있는 제품 및 사용 환경을 만드는 디자인을 뜻한다. 다음 문제에 대한 답을 쓰고, 직접 '유니버설 디자인'을 해보시오. [8 점]

▲ 휠체어 사용자를 위한 버스

(1) 임산부를 위한 제품을 만들기 위해 직접 임산부 체험을 해보려고 한다. 다음 '패트리샤 무어'의 이야기를 참고하여, 임산부를 체험하기 위해 어떤 분장을 하고 생활하면 좋을지 설명해 보시오. [2 점]

'패트리샤 무어'는 유명 디자인 회사에 다니던 중 힘이 약한 노인을 위한 디자인을 해야겠다고 생각하고, 노인 분장을 하고 생활을 했다. 흰머리 가발을 쓰고 주름 분장을 하여 노인처럼 보이게 하고, 철제 보조기로 다리를 뻣뻣하게 하여 불편하게 다녔다.

(2) 지하철 차량 내부의 시설 중 임산부를 위해 바꿔야 할 부분을 찾고, 바꿔야 하는 이유를 과학적으로 서술하시오. [2 점]

〈보기〉

임산부가 서 있을 때 넘어지지 않도록 도울 보조 장치가 필요하다.
: 임산부는 태아 때문에 무게 중심이 상대적으로 위에 있다. 무게 중심이 위에 있으면, 쉽게 넘어질
수 있기 때문에 차량이 갑자기 출발하거나 멈출 때 위협을 느낀다. 이럴 때를 대비하여 임산부가
넘어지지 않도록 도와주는 장치를 마련해야 한다.

(3) 문제 (2) 번에서 답한 부분을 어떻게 바꾸면 좋을지 디자인해 보고, 설명하시오. [4 점]

〈보기〉

지하철에 설치된 봉 사이에 가로 봉을 더 만들어, 임산부가 걸터
앉을 수 있게 한다.

STEAM 융합 문항

08 다음 근시와 원시에 관한 설명을 읽고 물음에 답하시오. [12 점]

> ### 근시와 원시
>
> 물체에 반사된 빛이 눈의 각막을 지나 수정체에서 굴절하여 망막에 상이 되어 맺히면, 사람은 그 물체를 또렷하게 볼 수 있다. 하지만 눈 구조의 이상으로 물체의 상이 망막 앞쪽에 생기면 먼 곳의 물체를 잘 보지 못하는 근시가 되고, 물체의 상이 망막 뒤쪽에 생기면 가까운 곳의 물체를 잘 보지 못하는 원시가 된다.

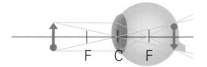

▲ 정상인의 눈에 상이 맺히는 모습

(1) 근시와 원시는 안구의 길이가 길거나 짧은 것이 원인이 되기도 하지만, 수정체의 모양도 원인이 된다. 근시인 사람과 원시인 사람의 수정체 모양은 다음 중 어떤 것일지 고르시오. [2 점]

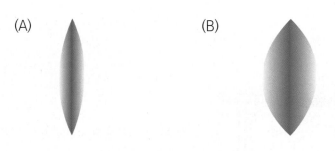

(A) (B)

(2) 멀리 있는 물체와 가까이 있는 물체의 상이 근시인 사람의 눈의 어디에 맺히는지 빛이 진행하는 모습을 화살표로 나타내어 그려보시오. (유리체와 공기의 굴절률은 비슷하다고 생각한다.)
[4 점]

▲ 멀리 있는 물체   ▲ 가까이 있는 물체

(3) 근시와 원시는 오목렌즈 혹은 볼록렌즈를 이용하여 시력을 교정한다. 근시와 원시를 교정할 때 두 렌즈 중 어떤 것을 이용할지 쓰시오. [2 점]

(4) 눈의 수정체보다 아주 큰 물체는 어떻게 눈에 들어와 상이 맺히는지 빛이 진행하는 모습을 화살표로 나타내어 그려보시오. (유리체와 공기의 굴절률은 비슷하다고 생각한다.) [4 점]

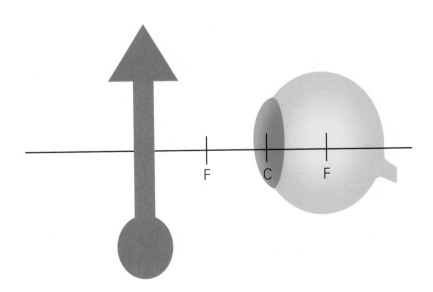

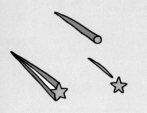

꾸러미 모의고사

2회

과학
초6-중등

▶ 총 문제수 : 8 문제

▶ 시험시간 : 70 분

▶ 총점 : 50 점

▶ 문항에 따라 배점이 다릅니다.

▶ 필기구 외에 계산기 등은 사용할 수 없습니다.

모의고사 점 수	나의 점수	총 점수
		50 점

02 꾸러미 48 제 모의고사

창의적 문제 해결 문항

01

- ☐ 유창성
- ☐ 융통성
- ☐ 독창성
- ☑ 정교성

세로 6 줄, 가로 6 줄인 달걀판에 달걀을 넣어서 포장하려고 한다. 상자에는 가로, 세로, 대각선 방향의 어느 줄이든 한 줄에 0 개나 2 개의 달걀이 들어가게 해야 한다면 달걀 상자에는 최대 몇 개의 달걀을 넣을 수 있을지 쓰시오. [5 점]

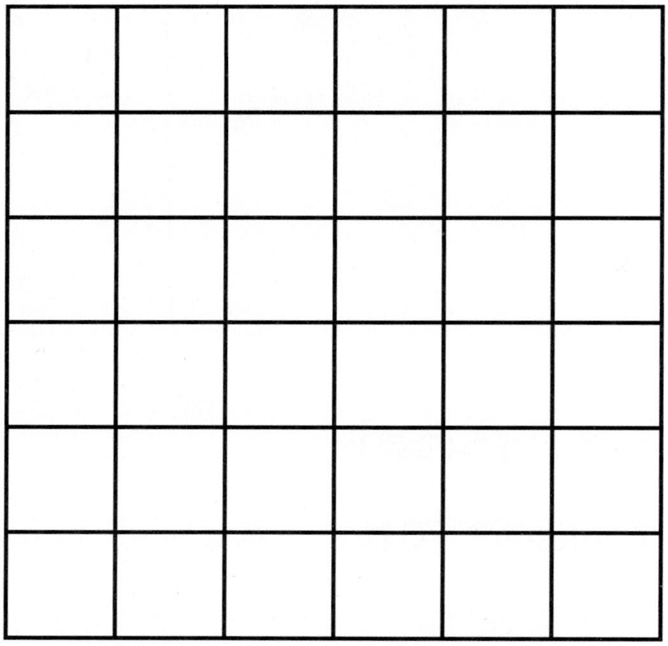

▲ 달걀판

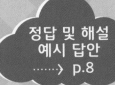

창의적 문제 해결 문항

02

□ 유창성
☑ 융통성
□ 독창성
☑ 정교성

절벽 위에 등대 하나가 있다. 무한이는 친구들과 농구 시합이 끝난 후 농구공을 들고 바다를 보러 등대 위로 올라갔다. 무한이와 친구들이 등대에 올라가 바다를 바라보자 강한 바람이 등 뒤에서 불어왔다. 무한이는 농구공을 떨어뜨리면 바람을 타고 얼마나 날아가서 떨어질지 궁금해졌다. 무한이가 농구공을 던지지 않고 떨어뜨릴 때, 어느 방향으로 공을 회전시키면 더 멀리 날아갈지 쓰시오. [6 점]

얘들아! 간다!

03

□ 유창성
☑ 융통성
□ 독창성
☑ 정교성

함박눈이 펑펑 내리는 날, 상상이는 친구들과 함께 눈싸움을 했다. 한참 눈싸움을 하던 중, 상상이는 몸을 떨고 있는 친구를 봤다. 상상이는 자신이 들고 있던 핫팩을 주기 위해 다가가서 친구의 얼굴을 봤더니, 친구의 입술이 파랗게 되어있었다. [6 점]

(1) 눈싸움하러 밖에 나오기 전까지 아픈 곳 없이 멀쩡했던 친구의 입술이 파랗게 된 이유를 쓰시오. [3 점]

(2) 입술이나 손톱 밑이 파랗게 되는 경우가 또 언제 있을지 쓰시오. [3 점]

창의적 문제 해결 문항

04

☑ 유창성
☑ 융통성
☐ 독창성
☐ 정교성

혜원이네 반에서 학급 회의를 했다. 서기인 혜원이는 회의록을 적을 때 회의 내용을 빠짐없이 적기 위해서 녹음을 했다. 회의록을 고쳐 쓰기 위해 녹음 파일을 들어보니 녹음된 다른 사람들의 목소리는 평소와 같았지만, 혜원이 자신의 목소리가 평소와 다르게 들렸다.

[5 점]

뭐야,
이게 내 목소리라고?
좀 괜찮은데?

(1) 녹음된 혜원이 자신의 목소리가 평소와 다르게 들린 이유가 무엇인지 쓰시오. [2 점]

(2) 녹음된 혜원이의 목소리는 평소의 혜원이의 목소리와 어떤 점에서 차이가 있을지 쓰시오.

[3 점]

05

☑ 유창성
☐ 융통성
☐ 독창성
☑ 정교성

미생물은 1 마리가 2 마리로, 2 마리가 4 마리로, 4 마리가 8 마리로 증식한다. 이와 같은 방법으로 증식하는 경우를 기하급수적 증식이라고 한다. 그러나 액체 배양액 속에 미생물을 기를 경우 다음 그래프처럼 시간에 지남에 따라 증식속도가 현저하게 느려지며 시간이 지나면 개체 수가 거의 일정하게 유지된다.

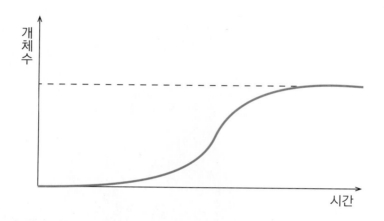

미생물이 기하급수적으로 증식하지 않고 시간이 지남에 따라 속도가 느려지는 원인을 떠올려 인간에게 해로운 미생물을 없앨 수 있는 방법을 쓰시오. [5 점]

창의적 문제 해결 문항

06 평소에 요리하는 것을 좋아하는 선영이는 엄마를 도와 저녁 준비를 하려고 한다. 다음 물음에 답하시오.

☑ 유창성
☐ 융통성
☐ 독창성
☑ 정교성

엄마는 감자를 여러 개 삶아야 한다며 선영이에게 큰 양동이에 물을 끓여 놓으라고 했다. 가스비가 적게 나오려면 선영이는 불의 세기를 어떻게 하면 좋을지 쓰고 설명하시오.

[5 점]

07 다음 글을 읽고 물음에 답하시오. [8 점]

암세포의 형성 과정

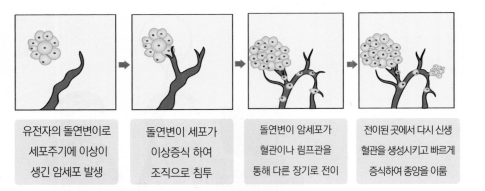

| 유전자의 돌연변이로 세포주기에 이상이 생긴 암세포 발생 | 돌연변이 세포가 이상증식 하여 조직으로 침투 | 돌연변이 암세포가 혈관이나 림프관을 통해 다른 장기로 전이 | 전이된 곳에서 다시 신생 혈관을 생성시키고 빠르게 증식하여 종양을 이룸 |

종양 중 악성 종양은 성장 속도가 매우 빠르며 주위의 정상조직을 침범하고 자라서 결국 주위의 장기를 파괴하여 생명을 위협한다. 우리가 흔히 말하는 암은 악성 종양을 일컫는다.

라듐

라듐 원자핵은 불안정하여 붕괴하며 방사선을 방출한다. 이 방사선은 인체 DNA 를 훼손시키며, 돌연변이 세포가 생기게 한다. 변형된 돌연변이 세포는 악성 종양이 되어 인체에 해를 입히기도 한다. 라듐을 발견한 퀴리 부인도 라듐에서 나오는 방사선으로 인해 암에 걸려 죽었다

암을 유발하는 라듐이 현재는 암을 치료하는 데 이용된다. 암세포는 정상 세포보다 방사선에 더 민감하다. 그래서 라듐에서 방출되는 γ(감마)선을 이용해 정상 세포에 영향을 미치지 않고 암세포를 파괴할 수 있다.

전자기파의 파장

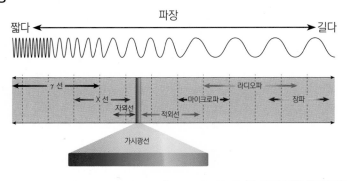

(1) 암은 나이가 어릴수록 더 위험하다고 한다. 왜 그런지 쓰시오. [3 점]

(2) 본문에 주어진 전자기파의 파장 표를 참고하여 라듐에서 나온 방사선은 방사선의 어떤 특징 때문에 세포를 파괴할 수 있을지 쓰시오. [3 점]

(3) 라듐처럼 잘 쓰면 도움이 되고, 남용하면 위험한 것에는 또 무엇이 있을지 쓰시오. [2 점]

STEAM 융합 문항

08 다음 글을 읽고 물음에 답하시오. [10 점]

스마트폰 타이핑

스마트폰 타이핑 속도가 컴퓨터 키보드 속도를 따라잡고 있다는 유럽 대학 공동 연구 결과가 최근 발표되었습니다. 컴퓨터보다 모바일 기기를 사용하는 시간이 길어지면서 일반 키보드 타자 속도는 느려지고 모바일 타자에는 익숙해지고 있다는 얘기죠. 특히 젊은 10 대는 40 대 보다 분당 평균 10 단어 이상을 더 많이 입력할 수 있다고 합니다.

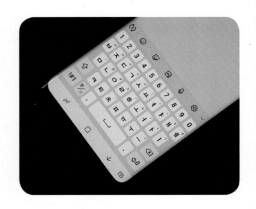

타이핑을 조금이라도 더 빠르고 편리하게 하기 위해서 적외선 키보드, 한 손 입력 키보드, 자동 입력 기능이 개발되었습니다. 손가락과 손을 기반으로 한 제스처 인식 기술은 일반적으로 센서와 카메라 시스템을 이용합니다. 아직은 편리하게 이용할 수 있는 수준까지 도달하지 못하였지만, 제스처 인식 기술은 꾸준히 연구 개발 중이라고 합니다. [발췌 : 20XX.10.11 과학기술정보통신부]

(1) 사람은 스마트폰으로 내용을 떠올리며 문자를 할 때 타이핑을 아무리 연습해도 1 분에 120 단어 이상 입력할 수 없다고 한다. 왜 그럴지 이유를 쓰시오. [3 점]

(2) 스마트폰으로 빠르게 글자 입력을 할 수 있는 방법을 최대한 많이 쓰시오. (많이 쓸수록 점수가 높습니다.) [2 점]

(3) 음성 인식이나 제스처 인식 기술 등의 단점에는 무엇이 있을지 최대한 많이 쓰시오. (많이 쓸 수록 점수가 높습니다.) [2 점]

(4) 편리한 스마트폰 입력 시스템을 고안해 보고, 설명하시오. [3 점]

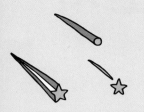

꾸러미 모의고사

3회

과학
초6-중등

▶ 총 문제수 : 8 문제

▶ 시험시간 : 70 분

▶ 총점 : 49 점

▶ 문항에 따라 배점이 다릅니다.

▶ 필기구 외에 계산기 등은 사용할 수 없습니다.

모의고사 점 수	나의 점수	총 점수
		49 점

창의적 문제 해결 문항

01

□ 유창성
□ 융통성
□ 독창성
☑ 정교성

아래 그림처럼 교실 안과 밖에 4 명의 학생이 있다. 벽을 사이에 두고 교실 밖 학생 A, 교실 안 학생 B, C, D 는 서로 앞만 바라볼 수 있다. 선생님이 학생 4 명에게 그림과 같이 모자를 씌워 놓았다. 선생님이 검은색 모자 2 개, 흰색 모자 2 개라는 것만 알려주고, 자신의 모자 색을 맞히고 이유를 논리적으로 설명할 수 있는 사람은 쪽지 시험을 면제받을 수 있다고 했다. 4 명의 학생 중 누가 쪽지 시험 면제받았을지 쓰시오. (답할 기회는 한 번뿐이며, 벽을 관통해 볼 수는 없다.) [5 점]

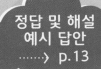

창의적 문제 해결 문항

02 최근 스마트폰에는 홍채를 인식하여 스마트폰 잠금을 푸는 기능이 있다. 홍채 인식은 적외선 LED를 이용한다. 스마트폰의 적외선 LED 에서 적외선이 나와 눈을 비추고, 눈에서 반사된 적외선이 카메라 렌즈에 들어가 홍채의 패턴을 찍어 스마트폰에 등록된 사용자가 맞는지 확인한다. 다음 <보기> 의 표를 참고하여 사용자가 안경이나 선글라스를 착용하고서도 홍채 인식으로 스마트폰 잠금을 풀 수 있는지 쓰고 왜 그런지 설명하시오.

[5 점]

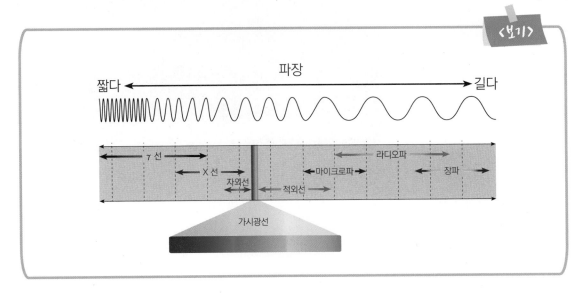

03

☑ 유창성
☐ 융통성
☐ 독창성
☑ 정교성

영화 <타이타닉> 에서 타이타닉이 침몰하고 남자 주인공과 여자 주인공은 추운 바다에 떠 있었다. 둘은 바다에 떠서 이야기를 나누다가 남자 주인공이 저체온증으로 죽게 되는데, 남자 주인공의 몸이 뜨지 않고 바다 밑으로 가라앉았다. [6 점]

(1) 남자 주인공의 몸이 가라앉았을지 쓰시오. (성인의 경우 몸의 밀도가 약 0.96 g/cm³ 이다.)

[3 점]

(2) 여자 주인공은 판자 위에 올라타 쉽게 숨을 쉴 수 있었지만, 남자 주인공은 일렁이는 파도로 인해 입으로 계속 바닷물이 들어갔다. 남자 주인공이 어떻게 하면 입으로 물이 들어가지 않고 쉽게 숨을 쉴 수 있을지 쓰시오. [3 점]

창의적 문제 해결 문항

04 호흡 기관 중 하나인 폐에는 근육이 없기 때문에 횡격막의 움직임으로 기체를 교환하게 된다. 만약 폐가 근육으로 이루어져 있다면 무엇이 달라질지 두 가지 이상 쓰시오. [5 점]

☑ 유창성
☐ 융통성
☐ 독창성
☑ 정교성

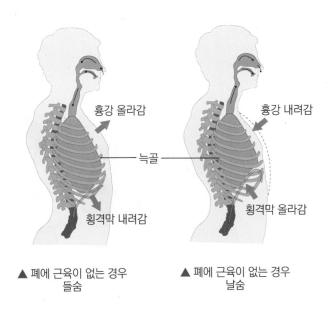

▲ 폐에 근육이 없는 경우
들숨

▲ 폐에 근육이 없는 경우
날숨

05

☐ 유창성
☐ 융통성
☐ 독창성
☑ 정교성

무한이는 가족과 저녁을 먹고 있었다. 무한이는 국물이 뜨거워서 입으로 바람을 불어 열심히 식혀 먹고 있었는데, 할아버지는 뜨거운 국물을 많이 식히지도 않고 먹고 있었다. 무한이는 할아버지께 국물을 식혀드리겠다고 말하자, 할아버지는 "무한이는 아직 뜨거운 맛을 모르는구나!" 라고 했다. 할아버지가 말한 뜨거운 맛은 진짜 맛일지 쓰고 설명하시오.

[4 점]

06

☑ 유창성
☐ 융통성
☐ 독창성
☑ 정교성

자동차, 비행기, 버스 등 사람이 이용하는 대부분의 운송수단에는 안전벨트가 있다. 안전벨트는 탑승자를 좌석에 고정해주는 끈으로, 갑자기 멈추거나 갑자기 출발할 때 사람이 팅겨 나가 다치는 것을 최소화해준다. 자동차는 30 ~ 40 km/h 의 속력으로 충돌해도 사람이 목숨을 잃을 수 있어 안전벨트가 필수적이다. 그런데 SRT 나 KTX 같은 고속열차는 약 270 ~ 290 km/h 의 속력으로 달리지만, 안전벨트가 없다. 왜 그럴지 이유를 쓰시오.

[4 점]

▲ KTX 열차 내부의 모습

STEAM 융합문항

07 크리스마스트리의 반짝이는 불빛 장식은 독일의 종교개혁자인 마틴 루터가 크리스마스 전날 밤 별빛 아래 상록수가 서 있는 모습을 보고 감명받아 나무에 별과 촛불을 매달아 장식한 데서 유래됐다고 전해진다. 현재는 꼬마전구 여러 개를 이어서 촛불 대신 장식한다. 다음 크리스마스트리의 꼬마전구에 대한 물음에 답하시오. [10 점]

(1) 크리스마스트리를 장식하는 꼬마전구는 직렬로 연결되어 있다. 전구를 직렬로 연결하면 하나의 전구가 고장 날 때 나머지 전구가 불이 켜지지 않지만, 크리스마스트리는 전구 하나가 고장 나도 불이 계속 켜져 있다. 이는 크리스마스트리에 쓰이는 꼬마전구의 특이한 구조 때문인데, 오른쪽 전구 구조를 보고 꼬마전구의 구조는 어떻게 다를지 주어진 그림 위에 그려보시오. [5 점]

(2) 꼬마 전구를 다음 그림처럼 하나 건너 하나씩 깜빡거리도록 만들려고 한다. 바이메탈 하나를 이용해 회로를 어떻게 꾸미면 될지 <보기> 를 참고해 회로를 그리고 설명하시오. [5 점]

몇 초 후

바이메탈

바이메탈은 두 종류의 얇고, 좁고, 긴 금속판의 긴 면을 포개어 맞붙여서 하나의 막대 형태로 만든 물체이다. 대표적으로 하나는 쇠, 다른 하나는 구리나 황동을 사용한다. 이렇게 제작된 바이메탈에 열을 가하면 두 금속이 늘어나는 길이가 달라 덜 늘어나는 금속 쪽으로 구부러진다.

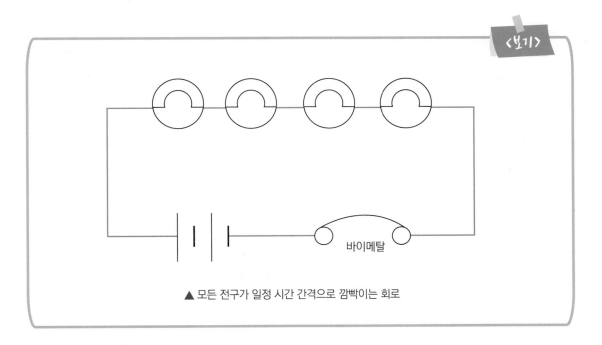

바이메탈

▲ 모든 전구가 일정 시간 간격으로 깜빡이는 회로

〈내가 그린 회로〉

STEAM 융합 문항

08 **다음 글을 읽고 물음에 답하시오. [10 점]**

식물성 지방과 동물성 지방

식물성 지방은 구성 지방산 중 불포화 지방산의 비율이 높아 대개 실온에서 액체의 형태로 존재한다. 그러나 식물성 지방이라도 라면을 튀기는 팜유나 코코넛 오일은 포화 지방산의 비율이 높아 고체 상태로 존재한다. 동물성 지방은 포화 지방산의 비율이 높아 고체의 형태로 존재한다. 보통 동물성 지방은 모두 포화 지방산이 구성성분의 대부분을 차지한다고 생각하지만, 동물성 지방 중에도 식물성 지방과 유사하게 불포화 지방산의 비율이 높은 것이 많다.

▲ 올리브 오일

▲ 코코넛 오일

(1) 상온에서 불포화 지방산의 비율이 높은 지방은 액체, 포화 지방산의 비율이 높은 지방은 고체의 형태로 존재하는 이유가 무엇일지 쓰시오. [3 점]

(2) 상온에서 고체 상태로 존재하는 지방을 가진 동물과 액체 상태로 존재하는 지방을 가진 동물의 차이점은 무엇일지 쓰시오. [4 점]

(3) 포화 지방산을 과도하게 섭취할 경우 뇌졸중에 걸릴 확률이 높아질 수도 있다고 한다. 이런 주장이 나온 이유가 무엇일지 설명하시오. [3 점]

뇌졸중

뇌졸중이란 뇌로 가는 혈류가 막히거나 줄어들어서 뇌세포가 죽는 의학적 상태를 말한다. 뇌졸중에는 크게 혈류량이 감소하여 생기는 허혈성 뇌졸중과 혈관이 터져 피가 나서 생기는 출혈성 뇌졸중의 두 종류가 있다..

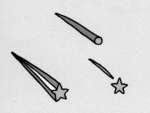

꾸러미 모의고사

4회

과학
초6-중등

▶ 총 문제수 : 8 문제

▶ 시험시간 : 70 분

▶ 총점 : 53 점

▶ 문항에 따라 배점이 다릅니다.

▶ 필기구 외에 계산기 등은 사용할 수 없습니다.

모의고사 점 수	나의 점수	총 점수
		53 점

영재성 검사 문항

01 네 명의 어린이가 있다. 아래 표는 A, B, C, D 네 명의 체중을 두 사람씩 한 조로하여 측정한 결과이다. kg 단위로 측정했으며, 모두 자연수이다. A 가 가장 가볍고 B, C, D 의 순으로 무거울 때 네 어린이의 체중을 모두 구하시오. [6 점]

□ 유창성
□ 융통성
□ 독창성
☑ 정교성

체중 (kg)	35	39	44	45	50	54

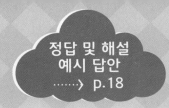

창의적 문제 해결 문항

02

서로 다른 극의 직류 전기가 흐르고 있는 두 전선이 있다. 전선은 피복이 모두 벗겨져 있다고 할 때, 다음 물음에 답하시오. [6 점]

☑ 유창성
☐ 융통성
☐ 독창성
☑ 정교성

(1) 아래의 그림처럼 다리가 긴 새가 앉아 있다가 부리로 다른 전선을 건드렸다. 이때 다리가 긴 새와 다리가 짧은 새는 각각 어떻게 될지 쓰시오. [3 점]

(2) 다리가 긴 새의 부리가 전선에 닿는 순간 작은 새 한 마리가 더 날아와 전선에 앉았다. 이 새는 어떻게 될지 쓰시오. [3 점]

03 다음 글을 읽고 물음에 답하시오. [5 점]

□ 유창성
☑ 융통성
□ 독창성
☑ 정교성

▲ 살모사

▲ 코브라

독을 가진 뱀 중 대표적인 것은 살모사와 코브라이다. 살모사의 독은 '출혈독'으로 물리면 독이 핏줄 속으로 들어가 핏줄을 파괴해 결국 내출혈이 일어나 죽는다. 살모사와 다르게 코브라의 독은 '신경독'이어서 신경을 마비시켜 치명적이다. 그래서 독사에게 물렸을 경우 최대한 움직이지 말고 피가 통하지 않도록 물린 부의를 압박한 후 병원으로 가서 해독제를 맞아야 한다.

(1) 독사는 같은 종족과 싸우다 물리면 어떻게 될지 쓰고 설명하시오. [2 점]

(2) 살모사와 코브라가 싸우다가 서로 물면 어떻게 될지 쓰고 설명하시오. [3 점]

창의적 문제 해결 문항

04

☐ 유창성
☐ 융통성
☐ 독창성
☑ 정교성

선영이는 차를 타고 가족들과 지리산을 넘고 있었다. 선영이는 지리산을 넘어가는 동안 꼬불꼬불 도로 때문에 멀미가 나기 시작했다. 다음 물음에 답하시오. [6 점]

(1) 지리산을 넘어가는 도로가 사진처럼 S 자로 꼬불꼬불한 이유를 쓰시오. [3 점]

(2) 선영이는 S 자 커브 길이 옆으로 기울어져 있는 것을 발견했다. 그 길을 보고 선영이는 차가 낭떠러지로 떨어지지 않게 하려고 한쪽을 높게 만들어 기울어졌다고 생각했다. 선영이의 생각이 옳은지 쓰고 설명하시오. [3 점]

창의적 문제 해결 문항

05

□ 유창성
☑ 융통성
□ 독창성
☑ 정교성

무한이는 사막을 횡단하던 중 물이 떨어져 곤란해졌다. 무한이에게 마실 것이라고는 보온병에 넣어놨던 라면 국물밖에 없었다. 깨끗한 물을 마시고 싶었던 무한이는 라면 국물을 깨끗하게 정수하여 마셔야겠다고 생각하고 아래 <보기> 와 같이 라면 국물을 정수해 마셨다.

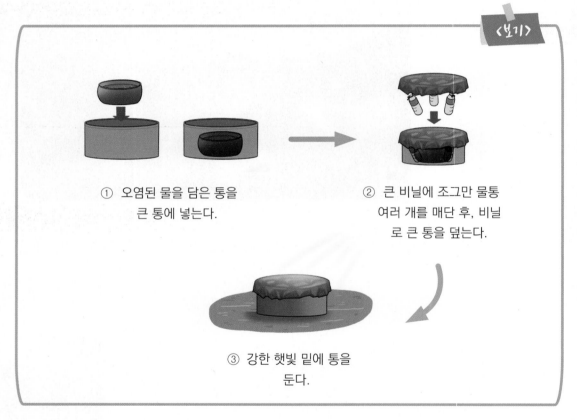

〈보기〉

① 오염된 물을 담은 통을 큰 통에 넣는다.

② 큰 비닐에 조그만 물통 여러 개를 매단 후, 비닐로 큰 통을 덮는다.

③ 강한 햇빛 밑에 통을 둔다.

무한이가 <보기> 의 과정으로 라면 국물을 정수한 물을 마셨을 때, 냄새와 맛이 어떨지 쓰고 설명하시오. [4 점]

창의적 문제 해결 문항

06

□ 유창성
☑ 융통성
□ 독창성
☑ 정교성

무한이는 축구장 견학을 갔다. 무한이가 도착했을 때는 경기를 위해 잔디가 깎여서 정리되어 있는 상태였다. 정리된 축구장을 보니 잔디로 줄무늬가 만들어져 있었다. 다음 물음에 답하시오.

[5 점]

▲ 축구 경기장

(1) 축구장에 잔디를 줄무늬 모양으로 한 이유는 무엇일지 쓰시오. [2 점]

(2) 축구장의 줄무늬는 잔디의 색이 옅고 진함을 이용해서 만들었다. 어떻게 잔디를 어떻게 옅거나 진한 색으로 표현할 수 있을지 쓰시오. [3 점]

07 다음 글을 읽고 물음에 답하시오. [12 점]

방귀

 방귀는 항문으로부터 방출된 가스체이다. 음식물과 함께 입을 통해 들어가 공기가 장 내용물의 발효에 의해 생겨난 가스와 혼합된 것이다. 방귀는 질소, 수소, 이산화탄소, 메탄, 산소 등으로 이루어져 있다.

 방귀를 뀔 때 냄새가 나지 않으면서 속이 시원하다는 느낌을 받았을 때는 소화가 잘된다는 증거다. 반면 악취가 진동하는 방귀가 계속되면 대장 기능에 이상이 생겼다는 신호일 수 있다. 대장에 특정 세균이 있거나 육류 등을 먹으면 암모니아, 황화수소 등이 만들어져 악취가 난다.

 방귀는 장의 연동운동이 멎거나 좋지 않을 때는 배출이 안 된다. 이 경우 방귀 방출의 유무가 장폐색의 진단상 중요하다. 또한, 개복 수술 후의 회복기에 장이 정상으로 움직이기 시작하면 방귀를 방출하게 되는데, 수술 후의 장의 상태를 판단하는 중요한 생리 현상이다.

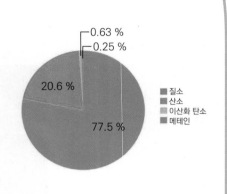

■	질소
■	산소
▨	이산화 탄소
■	메테인

0.63 %
0.25 %
20.6 %
77.5 %

▲ 방귀의 구성 비율

아이쿠~
실례했습니다~

(1) 방귀를 뀌면 소리가 나는 이유를 설명하시오. [4 점]

(2) 장에서 생긴 방귀를 참았을 때, 조금 시간이 지나면 사라진 느낌을 받는다. 방귀가 진짜 사라진 것일지 쓰고, 설명하시오. [4 점]

(3) 방귀를 뀔 때 불을 가져다 대면 불이 커진다. 이를 확인해 보기 위해서 엉덩이 가까이에 불을 대고 방귀를 뀌면 큰 부상을 입을 수 있다. 왜 그럴지 설명하시오. [4 점]

STEAM 융합 문항

08 다음 갑옷에 관한 글을 읽고 물음에 답하시오. [9 점]

조선 시대의 갑옷

조선 전기의 대표적인 갑옷은 철찰갑이나 경번갑 등 모두 가죽이나 철을 주재료로 한 갑옷이다. 이런 철갑옷이나 가죽갑옷은 칼이나 창에 대한 방호력은 뛰어나지만, 조총 등의 화기류에 대해서는 효과가 없다. 화기가 발달할수록 갑옷의 가치가 상대적으로 감소했기 때문에 이를 입는 군사들도 줄어들었다. 따라서 무겁기만 한 갑옷보다는 단순히 면으로 만든 군복을 많이 입게 되었고 두석린갑처럼 외양만 화려한 갑옷이 등장하기도 했던 것이다.

 ▲ 경번갑　 ▲ 두석린갑

조선 전기에는 볼 수 없었던 면갑이 화기가 발달한 조선 후기에 이르러 등장한 것도 바로 그런 이유 때문이다. 무명을 여러 겹 겹쳐서 만든 면갑은 칼이나 창에는 잘 찢어져도 총알이나 화살에는 뛰어난 방호력을 갖고 있었다.

방탄복이 만들어진 것은 합성 소재인 나일론이 등장한 이후였다. 그러다 듀폰 사에서 '케블라'라는 초강력 인조섬유를 개발한 이후 실용적인 최신 방탄복이 등장했다.

▲ 조선시대 면갑

(1) 총알은 총구에서 나올 때 회전하며 발사된다. 총알을 왜 회전시킬지 쓰시오. [3 점]

(2) 미국에서는 방탄복을 입은 사람이 고드름에 찔려 죽은 사건도 있었다고 한다. 면갑이나 방탄복이 칼이나 창과 같은 뾰족한 무기에는 약하지만 빠른 총알에는 강한 이유를 쓰시오. [3 점]

(3) 방탄복을 입고 총알을 맞으면 사람의 몸이 어떻게 될지 쓰고 설명하시오. [3 점]

꾸러미 모의고사

5회

과학
초6-중등

- ▶ 총 문제수 : 8 문제
- ▶ 시험시간 : 70 분
- ▶ 총점 : 52 점
- ▶ 문항에 따라 배점이 다릅니다.
- ▶ 필기구 외에 계산기 등은 사용할 수 없습니다.

	나의 점수	총 점수
모의고사 점수		52 점

01

무한이, 상상이, 선영이, 혜원이는 A 마을과 B 마을 중 한 곳에서 살고 있다. A 마을 주민은 항상 거짓말을 말하고, B 마을 주민은 항상 진실만을 말한다고 할 때, <보기> 의 대화를 보고 이 네 명이 각각 어느 마을에 살고 있는지 쓰시오. [5 점]

무한이 : 상상이와 선영이는 같은 마을에 살고 있어.

상상이 : 무한이와 나는 다른 마을에 살고 있어.

선영이 : 무한이와 혜원이는 A 마을 주민이야.

혜원이 : 나는 선영이랑 같은 마을에 살고 있어.

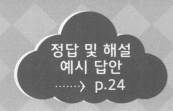
창의적 문제 해결 문항

02

'굴러온 돌이 박힌 돌을 빼낸다.'라는 속담과 관련 있는 과학 현상을 최대한 많이 쓰시오.
(많이 쓸수록 점수가 높습니다.) [5 점]

☑ 유창성
☑ 융통성
☐ 독창성
☐ 정교성

03 아래의 사진처럼 지상에서 보는 무지개는 아치 모양을 하고 있으며, 가장 위쪽이 **빨간색,** 가장 아래쪽이 **보라색**의 순서로 보인다. [6 점]

☐ 유창성
☑ 융통성
☐ 독창성
☑ 정교성

(1) 비행기를 타고 상공에서 무지개를 보면 무지개는 어떻게 보일지 쓰고, 설명하시오. [3 점]

(2) 지상에서 무지개를 봤을 때 가장 위쪽이 보라색, 가장 아래쪽이 빨간색인 경우도 있을지 쓰고, 설명하시오. [3 점]

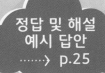

04

□ 유창성
☑ 융통성
☑ 독창성
□ 정교성

서울에 살고 있는 무한이는 추석에 시골에 계신 할머니 댁에 가고 있었다. 추석이 되어 시골에 내려가는 사람이 많아 고속도로에 차가 아주 많았고, 차가 조금 움직였다 멈추기를 반복하며 정체되었다.

무한이는 고속도로에 작은 차만 있을 경우와 큰 트럭만 있을 경우에 움직였다가 멈추는 시간 간격이 어떤 것이 더 길지 궁금해졌다. 자신의 생각은 어떤지 쓰고 설명하시오. [6 점]

창의적 문제 해결 문항

05

□ 유창성
☑ 융통성
□ 독창성
☑ 정교성

다음은 지구의 대기 순환 모형을 나타낸 것이다. 그림을 보고 물음에 답하시오. [5 점]

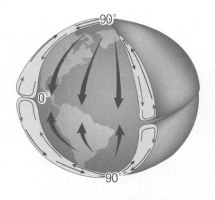

(가) 지구가 자전하지 않을 때
대기 순환 모형

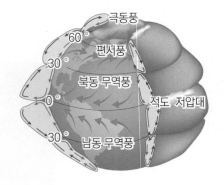

(나) 지구가 자전할 때 대기
순환 모형

(1) 지구가 자전하지 않아 그림 (가) 와 같이 대기가 순환한다면 우리나라의 기후는 어떨지 쓰시오.
[2 점]

(2) 현재 지구는 자전하므로 그림 (나) 와 같이 대기가 순환하고 있다. 그림 (나) 를 보고, 사막이
주로 형성되는 곳은 어디일지 쓰고 설명하시오. [3 점]

창의적 문제 해결 문항

06

☑ 유창성
☑ 융통성
☐ 독창성
☐ 정교성

차를 좋아하는 무한이는 평소처럼 차를 마시기 위해 물을 끓이려고 한다. 무한이는 주전 자를 꺼내서 물을 끓이기가 귀찮아서 물이 든 컵을 전자레인지에 넣고 돌렸다. 물이 끓기 시작했을 때 전자레인지지에서 컵을 꺼내서 찻잎을 우렸다. 그런데 평소와 차 맛이 달랐 다. 왜 평소와 차 맛이 달랐을지 쓰시오. [4 점]

STEAM 융합 문항

07 다음 글을 읽고 물음에 답하시오. [9점]

난청의 종류

난청의 종류에는 전음성 난청, 감각성 난청, 혼합성 난청, 소음성 난청이 있다. 전음성 난청은 소리를 내이로 전달하는 과정에서 외이와 중이에 있는 일부 청각 기관의 장애로 인해 청력이 손실된 경우이다. 감각성 난청은 소리를 인식하는 내이에 문제가 생긴 경우로, 청각 신호 또는 중추 신경계에 이상이 생겨 청각 신호를 대뇌에 전달하지 못하는 경우를 말한다, 혼합성 난청은 전음성 난청과 감각성 난청이 동시에 일어나는 경우, 소음성 난청은 큰 소리에 장기간 노출되었을 때 서서히 청력이 손실되는 경우를 가리킨다.

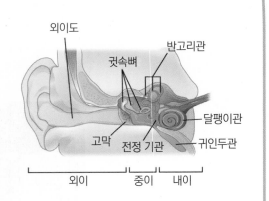

골전도 이어폰의 원리

일반적으로 소리를 듣는 과정은 소리의 진동이 외이도를 통해 들어와서 고막을 진동시키고, 그 진동이 고막과 붙어 있는 세 개의 뼈(청소골)에 전달되어 달팽이관으로 들어가면, 달팽이관 안의 세포들에 의해 소리가 전기 신호로 바뀌어 청신경을 통해 뇌로 전달되는 것이다. 반면에 골전도에 의한 소리는 외부의 뼈에 진동이 전해지면, 고막과 청소골을 거치지 않고 바로 달팽이관에 전달되어 소리를 듣게 되는 것이다.

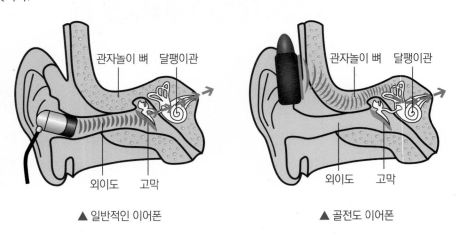

▲ 일반적인 이어폰　　　　▲ 골전도 이어폰

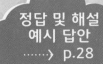
(1) 골전도 이어폰은 어떤 종류의 난청을 겪고 있는 사람에게 도움이 될 수 있을지 쓰고 설명하시오. [3 점]

(2) 골전도 이어폰의 단점에는 무엇이 있을지 쓰시오. [3 점]

(3) 현재 우리나라 청소년 10 명 중 2 명은 이어폰을 꽂은 채로 장시간 동안 큰 음량으로 음악을 들어 소음성 난청 위험성이 아주 높다고 한다. 큰 소음을 오래 들으면 소음성 난청이 발생하는 직접적인 이유를 쓰시오. [3 점]

STEAM 융합 문항

08 다음 글을 읽고 물음에 답하시오. [12 점]

눈을 녹이는 소금

 눈길에 소금을 뿌리면 소금이 눈 속의 수분을 흡수하면서 소금 알갱이가 녹기 시작한다. 소금이 녹으면서 열이 나는데, 이 열로 인해 눈이 녹게 된다. 이렇게 눈과 소금이 함께 녹으면 혼합물이 되어서 어는 온도가 더 내려가서 길이 잘 얼지 않는다.

 이 원리를 이용하여 가는 실로 얼음을 들어 올릴 수 있다. 작은 얼음 한 덩어리에 실을 올려놓고 소금을 뿌리면 소금이 닿은 얼음 표면이 살짝 녹아서 물이 생긴다. 이 물은 차가운 얼음의 온도 때문에 실과 함께 다시 얼게 된다. 그래서 실을 잡아당기면 얼음이 들어 올려진다.

▲ 실로 얼음을 들어 올리는 모습

(1) 겨울에 빙판길 사고를 줄이기 위해 뿌리는 염화 칼슘과 소금은 우리나라 여름철에 실내에서도 자주 쓰인다. 어떤 용도로 사용하는지 쓰고, 왜 그런지 설명하시오. [4 점]

(2) 냉장고 없이 얼음과 소금으로 주스를 얼리는 방법을 쓰고, 설명하시오. [4 점]

(3) 스케이트 날과 아이젠 발톱은 얼음에 닿는 표면적은 작게, 압력은 크게 해서 얼음 위에서 스
포츠를 더 잘 즐길 수 있게 한다. 하지만 스케이트 날은 얼음 위에서 잘 미끄러지도록 하고 아
이젠 발톱은 얼음 위에서 잘 미끄러지지 않도록 한다. 두 장비는 어떤 점에서 차이가 있는지
쓰시오. [4 점]

아이젠

아이젠은 경사가 심한 얼음이나 단단한 눈이 쌓인 경사길을 오르내릴 때 등산화 밑창에 부착하여 미끄
러지지 않도록 도움을 주는 장비이다. 아이젠은 철로 되어있는 뾰족한 발톱이 있는데, 이 발톱은 압력을
크게 해서 얼음 표면에서 미끄러지지 않게 한다.

▲ 스케이트 신발

▲ 아이젠

꾸러미 모의고사

6회 과학
초6-중등

▶ 총 문제수 : 8 문제

▶ 시험시간 : 70 분

▶ 총점 : 50 점

▶ 문항에 따라 배점이 다릅니다.

▶ 필기구 외에 계산기 등은 사용할 수 없습니다.

모의고사 점 수	나의 점수	총 점수
		50 점

01

☐ 유창성
☐ 융통성
☐ 독창성
☑ 정교성

무한이와 상상이가 나뭇잎 점치기로 할로윈 의상을 정하려고 한다. 두 사람이 주운 나뭇가지에는 잎이 16 개가 있고, 두 사람이 차례로 잎을 1 개 또는 2 개씩 뜯는다. 마지막 16 번째 잎을 뜯는 사람이 아이언맨 의상을 입기로 할 때, 먼저 잎을 뜯는 무한이가 아이언맨 의상을 입을 수 있는 필승법을 설명하시오. [4 점]

정답 및 해설
예시 답안
⋯⋯→ p.30

창의적 문제 해결 문항

02

□ 유창성
□ 융통성
□ 독창성
☑ 정교성

영재의 할아버지는 달에 가본 우주 비행사이다. 영재의 할아버지는 영재에게 달에 신선한 우유를 유리컵과 큰 기압차를 견디지만, 보온은 되지 않는 단단한 밀폐 용기에 각각 담아 두고 왔으니, 우주 비행사가 되어 꼭 찾아보라고 말했다. 어른이 된 영재는 달 탐사 연구원으로 뽑혀 달에 가게 되었다. 달에 도착한 영재는 할아버지가 둔 유리컵과 밀폐 용기를 찾았다. 유리컵과 밀폐 용기에 담겨 있던 우유는 어떻게 변해있었을지 쓰고 설명하시오. (단, 영재가 우유를 찾았을 때 그곳은 달의 낮이었다.) [4 점]

할아버지!
제가 꼭 찾을게요!

03

세상에는 공을 이용한 다양한 스포츠가 있다. 각 스포츠는 게임의 특성에 맞는 공 모양과 크기를 정하여 제작한다. 이 중 가장 빠르게 날아가는 것은 골프공이다. 골프공은 왜 다른 공보다 빠른지 쓰고 설명하시오. [5 점]

☑ 유창성
☐ 융통성
☐ 독창성
☑ 정교성

> 　골프는 코스 위에 정지해 있는 공을 골프 전용 채로 쳐서 정해진 구멍에 넣는 게임이다. 구멍에 공이 들어가기까지 걸린 타수가 적은 사람이 경기에서 이긴다.
> 　골프를 칠 때 땅에 정지해 있는 공을 골프채로 팔과 어깨, 그리고 허리를 돌려 머리 뒤로 넘겼다가 앞쪽으로 휘두르며 쳐서 멀리 보내면 된다.

정답 및 해설
예시 답안
······▷ p.31

04 다음 글을 읽고 물음에 답하시오. [6 점]

☑ 유창성
☐ 융통성
☐ 독창성
☑ 정교성

> 근육이 움직이기 위해서는 에너지가 필요하다. 위와 장에서 흡수된 영양분은 혈액에 흡수되고, 심장은 펌프질해 몸의 곳곳에 혈액을 보낸다. 심장에서 온 혈액은 근육 세포에 영양분과 산소를 제공하고, 심장으로 다시 돌아간다.

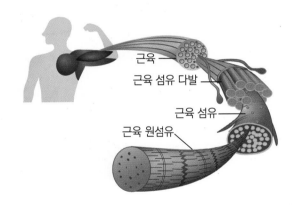

근육
근육 섬유 다발
근육 섬유
근육 원섬유

(1) 약물이 빨리 흡수되어 효과를 빨리 보고자 할 때 혈관이 많은 근육에 근육 주사를 맞는다. 가끔 팔이 아닌 엉덩이에 근육 주사를 맞기도 하는데, 왜 하필 팔이 아닌 엉덩이에 근육 주사를 맞을지 설명하시오. [3 점]

(2) 근육 운동을 한 직후에 몸의 근육이 커진 것처럼 보이고, 잠시 후 다시 돌아온다. 왜 운동 직후에 근육이 커 보이는지 설명하시오. [3 점]

05

☑ 유창성
☐ 융통성
☐ 독창성
☑ 정교성

선영이는 가족들과 함께 회를 먹었다. 유독 빨간색을 띠고 있는 회를 보고 엄마에게 어떤 생선인지 물어보니, 참치회라고 했다. 선영이는 참치캔의 참치 살은 분명히 살구색이었다고 엄마께 따져 묻자, 엄마는 빨간 소고기도 구우면 갈색이 되지 않느냐고 말했다. [6 점]

(1) 고기가 빨간 이유는 근육에 '마이오글로빈'이라는 철을 함유한 단백질이 있기 때문이다. 우리 피가 빨간 이유가 무엇일지 떠올려 빨간색을 띠는 소고기가 구우면 갈색이 되는 이유를 설명하시오. [3 점]

(2) 참치캔의 참치 살이 살구색을 띠는 것은 참치캔의 제조 방법 때문이다. 참치캔을 제조할 때 어떤 과정이 참치 살을 살구색으로 만드는지 설명하시오. [3 점]

창의적 문제 해결 문항

06

☑ 유창성
☐ 융통성
☐ 독창성
☑ 정교성

혜원이가 일정한 음높이로 소리치는 것을 건물 위에서 녹음기를 떨어뜨려 녹음하려 한다. 다음 글을 읽고 물음에 답하시오.

스피드건은 레이더의 도플러 효과를 이용해서 운동하는 물체의 속도를 재는 기계이다. 도플러 효과는 파동을 내는 물체나 관찰자가 이동하면 파동의 진동수가 커지거나 작아지는 변화가 생기는 현상이다.

레이더파는 전자기파의 일종이며 진동수가 빛보다는 작고 전파보다는 크다. 스피드건에는 발사될 때의 진동수와 물체에 반사되어 돌아오는 진동수를 비교해서 속도를 알아내는 장치가 내장되어 있어서 손쉽게 물체의 속도를 알아낼 수 있다. 현재는 투수가 던진 공의 구속이나 자동차의 속도를 재는 데에 사용되고 있다.

▲ 스피드건으로 자동차 속력을 측정하는 모습

혜원이의 목소리 높이가 점점 낮아지도록 녹음하려고 한다. 이때 혜원이는 건물 위에 서 있어야할지, 건물 아래에 서 있어야할지 쓰고 설명하시오. [5 점]

내 목소리가 들리니ㅣㅇㅣㅇㅣㅇㅣㅇㅣㅇㅣ~?

07 다음 글을 읽고 물음에 답하시오. [8 점]

"삼성·애플 스마트폰 전자파 위험" 미국서 소송 제기

삼성전자와 애플이 미국에서 전자파 관련 소송을 당했다. 아이폰, 갤럭시 등 주력 스마트폰의 전자파 흡수율이 기준치를 초과한다는 이유다. 양 사는 전자파 실험이 부정확하게 이뤄져 소송의 근거로 부적합하다고 항의하고 있어 결과는 알 수 없는 상황이다.

스마트폰 전자파, 특히 5G 전자파의 유해성에 대한 논란은 당분간 지속될 것으로 보인다. 러시아, 네덜란드 등 세계 곳곳에서 5G 스마트폰 사용이 뇌종양, 자폐증, 알츠하이머 등을 불러올 수 있다는 의혹이 제기되고 있다. 하지만 이를 반박하는 연구 결과도 다수다. 스마트폰 업계 관계자는 "스마트폰의 전자파 논란은 계속 있었지만 인체에 직접적인 영향을 미친다는 사실은 확인되지 않았다"면서 "제조사는 전자파를 최소화하는 안테나 기술을 적용하고 있다"고 말했다. [발췌 : 20XX.09.03 뉴스 토마토]

전자파를 막는 창문

전자레인지 창문에는 구멍이 촘촘히 뚫린 철 그물이 붙어있다.

모든 파동은 파장보다 큰 그물을 통과할 수 있지만, 파장보다 구멍이 작은 그물은 통과하지 못한다. 따라서 철 그물의 구멍 크기보다 훨씬 짧은 파장인 가시광선은 이 그물을 쉽게 통과해 안을 들여다 볼 수 있다. 하지만 파장이 30 cm 정도 되는 전자레인지의 마이크로파는 철 그물을 통과하지 못하고 반사된다.

전자레인지 창문 밖으로 전혀 새어 나오지 않는 것은 아니다. 철 그물이 찢어졌다면 그 사이로 마이크로파가 새어 나올 수 있지만 그 양은 무시할 수 있을 정도로 작아 인체에 큰 해를 미치지 않는다. X 선이라면 피부 세포를 변형시켜 해를 끼칠 수 있지만 전자레인지의 마이크로파는 물의 온도를 올리는 역할밖에 하지 못한다.

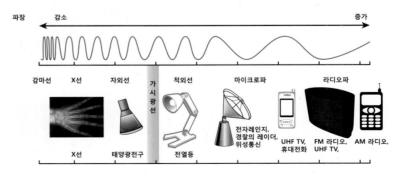

(1) 스마트폰에서 나오는 전자파가 인체에 직접적인 영향을 미칠지 자신의 주장과 주장의 근거를 쓰시오. [3 점]

(2) 스마트폰으로 전화통화를 할 때 전자파가 머리에 영향을 미치는 것을 막기 위해 전자파 차단 스티커를 붙이는 것을 종종 볼 수 있다. 이 전자파 차단 스티커가 정말 전자파를 차단하는 효과가 있을지 쓰시오. [2 점]

▲ 전자파 차단 스티커

(3) 통화를 할 때 자신의 스마트폰에서 나온 전자파가 몸에 많이 닿는 장소는 어디일지 쓰고, 왜 그렇게 생각하는지 쓰시오. [3 점]

STEAM 융합 문항

08 다음 글을 읽고 물음에 답하시오. [12 점]

데이노케이루스의 발견

▲ 데이노케이루스

2014년 10 월, 세계적인 학술지 《〈네이처》〉에는 이융남 관장이 이끄는 한국, 미국, 일본, 몽골 공동 연구팀이 데이노케이루스의 전체 골격 화석을 거의 완벽히 복원하고 그 생태까지 밝혀낸 연구 결과가 나왔다.

데이노케이루스는 1965 년, 폴란드와 몽골 국제공룡발굴팀이 고비 사막 남부에서 처음 발견한 공룡 화석이다. 길이 2.4 m 의 거대한 양쪽 앞다리만 발견돼 '무서운 손'이라는 뜻의 이름을 얻었다. 학자들은 거대하고 위협적인 앞다리를 근거로, 이 공룡이 티라노사우르스와 맞먹는 덩치에 포악하고 흉포한 육식공룡이라고 추측해 왔다. 그 후 2006 년과 2009 년 두 개의 데이노케이루스의 화석을 추가로 발견했다. 하나는 성체였고, 다른 하나는 성체보다 조금 작은 어린 개체의 뼈였다.

머리뼈는 남아있지 않았기 때문에, 연구팀은 두 골격을 바탕으로 데이노케이루스의 머리를 제외한 전체 골격을 복원했다. 그리고 2011 년, 벨기에의 한 수집가가 가지고 있던 화석이 데이노케이루스의 뼈일 가능성이 있다고 연락이 왔다. 관장이 직접 가서 보고 분석한 결과 데이노케이루스의 것임이 밝혀졌다. 데이노케이루스의 발가락과 머리뼈를 받았고, 이후 데이노케이루스가 완벽히 복원됐다.

처음에 연구팀은 데이노케이루스가 육식 공룡이라고 생각했지만, 복원한 후의 생김새는 초식 공룡에 가까웠다. 연구가 더 진행된 후에는 데이노케이루스가 잡식성임이 밝혀졌다.

(1) 연구팀이 2006 년과 2009 년에 발견 한 두 뼈가 성체인지 아닌지 어떻게 구별할 수 있었을지 쓰시오. [3 점]

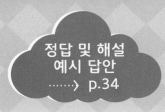
(2) 연구팀은 2011 년 수집가가 가지고 있던 화석이 데이노케이루스의 뼈인지 어떻게 알았을지 쓰시오. [2 점]

(3) 연구팀은 발견된 공룡의 무엇을 보고 육식, 초식, 잡식임을 알 수 있을지 쓰시오. [3 점]

(4) 영화에서는 중생대에 살았던 공룡이 컴퓨터 그래픽 기술로 생생하게 재현되고 있다. 쥐라기 시대 공룡의 울음소리 역시 그 누구도 들어본 적이 없기 때문에 영화에 등장하는 공룡의 울음 소리가 모두 실제와 같다고 할 수 없다. 하지만 영화 제작자들은 나름대로 실제 공룡의 울음 소리를 최대한 과학적으로 추리하여 재현하려 노력한다. 어떻게 공룡의 실제 울음소리를 재현해 낼 수 있을지 쓰시오. [4 점]

저 하늘 높이 떠있는
너 만의 별을 딸 수 있도록
꾸러미가 함께 할게.

memo

아이앤아이

꾸러미 48제 모의고사

정답 및 해설 & 예시 답안

과학
초등6~중등

창·의·력·과·학

I&I 아이 앤 아이 시리즈

| 물리 |
| 화학 |
| 생명과학 |
| 지구과학 |

| 초등6 |
| 초등5 |
| 초등4 |
| 초등3 |

영재학교·과학고

꾸러미 48제 **모의고사** (수학/과학)

꾸러미 120제 (수학/과학)

영재교육원 종합대비서 **꾸러미** (수학/과학)

영재교육원·영재성검사

정답 및 해설 & 예시 답안

과학
초등6~중등

나의 문제 해결력이 맞는지 체크하고
창의력 점수를 매겨보자

▶ 총 8 문제입니다. 문제 배점은 각 문항별 평가표를 참고하면 됩니다.

▶ 1 번 : 영재성 검사 문항 / 2 ~ 6 번 : 창의적 문제 해결 문항 / 7 ~ 8 번 : STEAM 융합 문항

▶ 각 문항은 유창성, 융통성, 독창성, 정교성 네 가지의 창의력 요소를 기준으로 평가하였습니다.

유창성 : 특정 문제에 대해 제한된 시간 내에 다양한 해결책을 생각해 내었는지를 평가합니다. 질문의 의도에 타당한 답변의 개수가 많을 수록 높은 점수를 받습니다.

융통성 : 한 문제에 대해 여러 분야를 넘나들며 많은 해결책을 제시하였는가를 평가합니다. 답안이 서로 분야 혹은 범주가 겹치지 않는 답변이 많을수록 높은 점수를 받습니다.

독창성 : 남들과는 다른 본인만의 방법을 제시하였는가를 평가합니다.

정교성 : 처음에 생각해낸 아이디어를 다듬어 발전시켜 표현할 수 있는지 확인하는 문항입니다. 제시된 답안과 가깝고, 원리를 정확하게 이해하고 답했는지 평가합니다.

문 01
P. 08

문항 분석 및 평가표

⟶ 문항 분석 : 물은 100 ℃ 가 되기 전까지는 대부분 변화가 없다가 100 ℃ 가 되는 순간 물질 변화를 시작합니다. 이와같이 일정한 한계를 넘어서는 순간 변화가 시작되는 것에는 무엇이 있을지 주변에서 여러 가지 찾아봅시다. 과학 현상 외에 여러 가지를 쓰면 융통성 부분에서 높은 점수를 받을 수 있습니다. (정교성) (영재성 검사 문항)

⟶ 평가표 :

알맞은 답을 3 개 이하 쓴 경우	3 점
알맞은 답을 4 개 이상 쓴 경우	5 점

출제자 예시 답안

⟶ ① 과거의 기억 : 기억을 할 수 있는 작은 단서가 떠오르는 순간 모든 기억이 살아난다.

② 비 : 작은 물방울들이 모여서 구름을 이루다가 일정한 무게 이상으로 무거워져 더 이상 견디지 못하는 순간 비가 되어 내린다.

③ 번개 : 구름에 음전하가 쌓여 지상과의 전압차가 커지다가 전압차가 일정 수준을 넘으면 번개가 친다.

④ 태블릿 PC 스마트 커버 : 커버가 태블릿 화면의 일정 범위를 가리게 되는 순간 태블릿 화면이 꺼진다.

⑤ 발화점 : 물질은 물질 고유의 발화점 이상의 온도가 되어야 불이 붙기 시작한다.

⑥ 초전도 현상 : 물질이 일정한 온도에서 갑자기 전기 저항을 잃고 전류를 흘려보낸다.

⑦ 높이뛰기 : 앞의 선수가 넘었던 높이 이상을 넘는 순간 1 등이 된다.

문 02
P. 09

문항 분석 및 평가표

⟶ 문항 분석 : 늑대는 매질을 통해 진동이 전달되는 파동인 소리를 이용해 신호하고, 벌은 빛을 매개로 하여 신호를 합니다. 빛은 매질이 없어도 파동이 전달되는 전자기파이기 때문에 소리와 달리 매질이 없어도 전달되어 환경에 영향을 덜 받는 편이지만, 벌처럼 빛을 매개로 하여 신호를 하는 동물은 어두운 환경에서는 정보 전달이 불가능합니다. 개미는 페로몬을 이용하여 의사소통하는데, 페로몬은 휘발성이 강한 물질로써 물에 잘 씻겨 내려가서 비 오는 날에는 서로 의사소통을 하기 힘듭니다. (유창성, 융통성) (창의적 문제 해결 문항)

> 평가표 :

답을 적지 못한 경우	0 점
늑대, 벌, 개미 의 장단점을 모두 적지 못한 경우	3 점
장단점을 모두 옳게 적은 경우	6 점

출제자예시답안

> **<늑대>**
> 장점 : ① 수풀이 우거진 곳에서 서로가 보이지 않아도 의사소통을 할 수 있다.
> ② 자신의 모습을 보이지 않고 다른 무리를 위협할 수 있다.
> 단점 : ① 목소리로 자신이 누구인지 들킬 수 있다.
> ② 귀가 들리지 않는 동료에게는 의사소통을 할 수 없다.
>
> **<벌>**
> 장점 : ① 자신들만의 신호가 있어서 먹이 경쟁을 하는 다른 동물들에게 먹이를 빼앗기지 않을 수 있다.
> ② 몸의 크기가 작은 것에 비해 멀리 있는 동료에게도 정보를 전달할 수 있다.
> 단점 : ① 빛이 없는 곳에서는 의사소통할 수 없다.
> ② 의사소통하려는 대상 앞에 장애물이 있다면 의사소통할 수 없다.
> ③ 천적에게 자신의 위치를 들킬 수 있다.
>
> **<개미>**
> 장점 : ① 먹이가 있는 곳까지 직접 안내하지 않아도, 페로몬을 뿌려놓으면 다른 개미들이 냄새를 맡고 알아서 길을 찾
> 아갈 수 있다.
> ② 시간이 지나도 다른 개미들이 먹이가 있는 곳을 알 수 있다.
> 단점 : ① 비가 오면 페로몬이 씻겨내려가서 먹이가 있는 곳을 알려줄 수 없다.
> ② 후각이 예민하지 않은 개미들은 먹이를 찾을 수 없다.

문 03
P. 10

문항 분석 및 평가표

> 문항 분석 : 손바닥은 몸에서 온도가 낮은 편에 속합니다. 그래서 평상시에 우리 몸의 평균 온도인 36.5 ℃ 의 물에
> 손을 넣으면 물이 따뜻하다고 느낍니다. 하지만 몸의 상태에 따라 손이 물의 온도를 다르게 느낄 수 있습
> 니다. (정교성) (창의적 문제 해결 문항)

> 평가표 :

합리적인 답안을 쓴 경우	4 점

출제자예시답안

> ① 평상시에는 손의 온도가 몸의 온도보다 낮기 때문에 우리 몸과 비슷한 온도의 물을 따뜻하다고 느낀다. 그래서 물
> 에 손을 넣으면 온점이 자극된다.
> ② 추운 겨울 눈밭에 있을 때는 몸이 차기 때문에 물의 온도가 상대적으로 높아 온점이 자극된다.
> ③ 뜨거운 가마솥 옆에 있을 때는 가마솥의 열기로 몸이 뜨겁기 때문에 물의 온도가 상대적으로 낮다. 그래서 냉점이
> 자극된다.
> ④ 손을 겨드랑이 사이에 넣었다가 뺀 직후에는 손의 온도가 몸의 온도와 비슷해져서 물이 따뜻한지 차가운지 구별이
> 안 된다. 손으로 물을 만졌다는 것만을 알 수 있으므로 촉점만 자극된다.

문 04
P. 11

문항 분석 및 평가표

> 문항 분석 : 승화성 물질이 아니어도 고체 표면에서 승화 현상이 일어날 수 있습니다. 물을 가열하면 물이 끓는점에
> 도달하기 전에 표면에 충분한 에너지를 가진 분자들은 기체로 증발합니다. 고체 상태인 얼음이나 눈에서
> 도 수증기로 바로 승화하는 분자들이 존재합니다. 따라서 눈사람이 0 ℃ 를 넘지 않는 햇빛이 없는 곳에
> 있어도 분자들이 승화하여 크기가 작아질 수 있습니다. (유창성, 융통성) (창의적 문제 해결 문항)

──> 평가표 :

눈사람이 작아진 이유를 쓴 경우	3 점
눈사람을 작아지지 않게 하는 방법을 쓴 경우	2 점
총합계	5 점

정답및해설

──> 정답 : 눈사람이 작아진 이유 : 눈 표면에서 수증기로 바로 승화하는 물 분자들이 있기 때문이다.

눈사람을 작아지지 않게 하는 방법 : 예시답안)

① 눈사람 주변에 드라이아이스를 둔다.

② 표면을 잘 다듬어서 틈을 없애 눈사람의 표면적을 작게 한다.

──> 해설 : ① 드라이아이스가 승화하며 눈사람의 열을 빼앗아가서 눈이 덜 승화한다.

② 눈사람 표면을 잘 다듬으면 울퉁불퉁 튀어나와 있는 부분이 없어져서 다듬기 전보다 표면적이 작아진다. 표면적이 작으면 공기와의 접촉이 적어져서 덜 녹는다.

문 05
P. 12

문항 분석 및 평가표

──> 문항 분석 : 구름과 안개는 둘 다 수증기가 응결되어 생긴 물방울들로 이루어져 있습니다. 높은 하늘에 떠 있으면 구름이고, 땅 표면 근처에 떠 있으면 안개라고 합니다. 산안개에는 습도가 많은 공기가 경사면을 타고 올라 단열 팽창하여 생기는 활승 안개, 무겁고 찬 공기가 낮은 골짜기에 고이고 공기 안에 있던 수증기가 응결하여 생기는 골 안개 등이 있습니다. 이러한 산 안개는 지표면에서 보면 층운처럼 보입니다. 그래서 산 중턱에 걸쳐있는 것은 안개인지 구름인지 확실히 구분되지 않습니다. 자신의 지식을 바탕으로 무한이와 동생이 본 것은 무엇이었을지 논리적으로 말해 봅시다. (정교성) (창의적 문제 해결 문항)

──> 평가표 :

합리적인 근거를 들어 자신의 주장을 쓴 경우	4 점

출제자 예시 답안

──> ① 무한이와 동생이 본 것은 구름이다.

: 구름과 안개는 둘 다 수증기가 응결되어 생긴 물방울들로 이루어져 있다. 하지만 구름은 수증기가 상승하며 단열 팽창에 의해 지표면보다 높은 곳에서 냉각되는 것이고, 안개는 수증기가 지표면 가까이에서 냉각되는 것이라는 차이가 있다. 무한이와 동생은 응결된 수증기를 높은 곳에서 봤기 때문에 단열 팽창에 의해 응결되었을 것이다. 그래서 둘은 구름을 본 것이다.

② 무한이와 동생이 본 것은 안개이다.

: 산에서 관찰되는 안개 중에 '활승 안개'라는 것이 있다. 이 안개는 지표면 부근의 습도가 높은 공기가 산이나 산맥의 경사면을 타고 오를 때, 단열 팽창하고 냉각되어 수증기가 응결하면서 생기는 것이다. 케이블카로 올라갈 수 있는 높이에는 구름이 생길 확률이 낮으므로, 무한이와 동생이 본 것은 안개이다.

문 06
P. 13

문항 분석 및 평가표

──> 문항 분석 : 당구공은 탄성충돌에 가장 근접한 충돌을 하는 물체입니다. 탄성충돌은 운동에너지가 다른 형태의 에너지(마찰에 의한 열에너지 등)로 바뀌지 않을 때 일어납니다. 탄성충돌을 한 후에는 운동에너지와 운동량이 보존됩니다. (정교성) (창의적 문제 해결 문항)

──> 평가표 :

예시 답안 중 ③ 혹은 ④ 과 같은 답을 쓴 경우	4 점
③ 혹은 ④ 이외의 답을 쓴 경우	+ 1 점
총합계	5 점

——> ① 혜원이쪽에 끈적끈적한 풀을 발라서 선영이의 공과 부딪히고 돌아올 때 속력이 더 느려지도록 만든다.
② 혜원이가 공을 굴리는 쪽이 더 높게 한다.
③ 선영이의 공보다 무거운 공을 굴린다.
④ 선영이의 공과 같은 무게의 공을 선영이의 공보다 빠른 속력으로 굴린다.

——> 해설 : (운동량) = (질량) × (속도) 이다. 운동량은 공이 충돌한 후에도 보존된다.
③ 혜원이가 질량 2m, 선영이가 질량 m 인 공을 같은 속력 1 m/s 로 굴리는 경우 다음과 같다.

선영이가 굴린 공의 나중 속도를 v_A , 혜원이가 굴린 공의 나중 속도를 v_B 라고 한다.
충돌 전 총 운동량 : (m × 1) + (2m × −1) = −m
충돌 후 총 운동량 : (m × v_A) + (2m × v_B) = (v_A + 2v_B)m
충돌 전과 충돌 후의 총 운동량이 같아야 하므로, v_A + 2v_B = −1 이다. 충돌 후 v_A 와 v_B 가 서로 반대 방향으로 간다고 하면 v_A 는 (−) 값, v_B 는 (+) 값을 가진다. 따라서 v_A 의 크기가 v_B 보다 크다. 만약 충돌 후 v_A 가 −2 m/s 의 속력으로 굴러간다면, 2v_B 는 1 m/s 의 속력으로 굴러간다.

④ 질량 m 인 두 공을 혜원이는 2 m/s, 선영이는 1 m/s 의 속력으로 굴리는 경우 다음과 같다.

선영이가 굴린 공의 나중 속도를 v_A , 혜원이가 굴린 공의 나중 속도를 v_B 라고 한다.
충돌 전 총 운동량 : (m × 1) + (m × −2) = −m
충돌 후 총 운동량 : (m × v_A) + (m × v_B) = (v_A + v_B)m
충돌 전과 충돌 후의 총 운동량이 같아야 하므로, v_A + v_B = −1 이다. 충돌 후 v_A 와 v_B 가 서로 반대 방향으로 간다고 하면 v_A 는 (−) 값, v_B 는 (+) 값을 가진다. 따라서 v_A 의 크기가 v_B 보다 크다. 만약 충돌 후 v_A 가 −2 m/s 의 속력으로 굴러간다면, v_B 는 1 m/s 의 속력으로 굴러간다.

문 07
P. 14

——> 문항 분석 : 실제 STEAM 수업에서 '유니버설 디자인을'을 하는 활동이 진행되었습니다. 나와 다른 사람들이 어떤 점에서 불편함을 느낄지 민감하게 생각하고, 불편함을 해소하기 위한 참신한 방법을 생각해낼수록 더 높은 점수를 받을 수 있습니다. (STEAM 융합 문항)

——> 평가표 :

(1) 채점 기준

임산부 체험을 할 수 있는 적합한 분장을 생각한 경우	2 점

(2) 채점 기준

지하철 차량 내부에 바꿔야 할 부분을 찾은 경우	1 점
과학적인 지식을 이용해 설명한 경우	1 점
총합계	2 점

(3) 채점 기준

알맞은 디자인을 생각해내고, 설명한 경우	4 점

(1) + (2) + (3) 총합계	8 점

——> (1) ① 임산부 배의 크기와 무게가 같은 주머니를 만들어 배에 찬다.

② 임산부는 배 속의 아기때문에 장기가 눌린다. 이를 경험을 하기 위해 복대를 꽉 조여 차서 배가 눌리도록 한다.

③ 임산부는 다리가 많이 부어 무거운 것을 경험하기 위해 발목에 모래주머니를 차고 다닌다.

(2)① 소음 방지 시설을 만들어야 한다.

: 선로에 자갈이 깔려있으면 자갈 사이사이로 음파가 흡수되어 소음이 줄어든다. 하지만 기차와 달리 지하철의 선로에는 자갈이 깔려있지 않아 시끄럽다. 소음은 스트레스를 유발하고, 태아가 미숙아로 태어날 가능성이 크다.

② 지하철 차 내부의 미세먼지를 줄일 수 있게 해야 한다.

: 미세먼지는 작은 화학물질 조각이다. 미세먼지가 임산부 폐 속으로 들어가 화학 물질이 혈관을 타고 태아에게 전달되어 염증반응을 일으킨다. 태아에게는 각종 질병의 원인이 될 수 있어 위험하다.

(3) ① 소음으로 인한 스트레스를 줄이기 위해 지하철 차 내부에 백색소음을 방송하여 소음이 잘 안 들리도록 한다.

② '노이즈 캔슬링' 장치를 지하철 차내에 설치한다.

② 소음 피해를 줄이기 위해 지하철 차문을 이중으로 만들고 가운데에 스티로폼으로 채워 넣는다.

③ 지하철 차 내부에 공기청정기를 설치하고, 문에 팬을 달아서 문이 열릴 때 지하철 차 내부에서 차 밖으로 바람이 불게 해서 문이 열릴 때 밖에서 오염된 공기가 유입되지 않게 한다.

문 08
P. 16

〔문항 분석 및 평가표〕

⟶ 문항 분석 : 사람의 망막에는 물체의 상이 위아래가 거꾸로 맺히지만, 뇌는 거꾸로 맺힌 상을 바른 방향으로 인식하기 때문에 우리는 물체를 똑바로 볼 수 있습니다. (STEAM 융합 문항)

⟶ 평가표 :

(1) 번 답이 맞는 경우	2 점
(2) 번 두 그림 모두 정확하게 그린 경우	4 점
(3) 번 답이 맞는 경우	2 점
(4) 번 그림을 정확하게 그린 경우	4 점
(1) + (2) + (3) + (4) 총합계	12 점

〔정답 및 해설〕

⟶ 정답 : (1) 근시 – (B), 원시 – (A)
(2) (멀리 있는 물체)

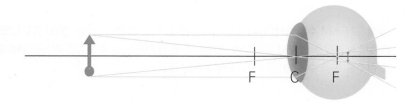

(가까이 있는 물체)

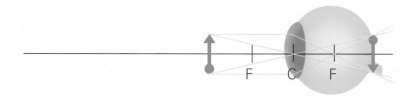

(3) 근시 : 오목렌즈, 원시 : 볼록렌즈
(4)

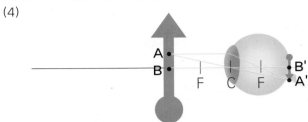

⟶ 해설 : (1) 렌즈가 얇은 것은 두꺼운 것보다 빛이 덜 굴절된다. 그래서 빛이 얇은 렌즈를 통과할 경우에는 상이 비교적
　　　　　 뒤에 맺힌다. 원시는 상이 망막보다 뒤쪽에 맺히기 때문에 원시는 근시보다 수정체가 얇다는 것을 알 수 있다.
　　　　　 따라서 가까운 물체는 흐리게 보이고, 멀리 있는 물체는 또렷하게 보인다.
　　　 (2) 정답의 그림처럼 멀리 있는 물체는 망막의 앞쪽에 맺히고, 가까이 있는 물체는 망막 가까이에서 상이 맺힌다. 그래
　　　　　 서 멀리 있는 물체를 보면 흐리게 보이고, 가까운 물체는 비교적 또렷하게 보인다.
　　　 (3) 근시는 망막의 앞쪽에 상이 맺힌다. 그래서 오목렌즈를 이용해서 초점거리를 길게 해 물체의 상이 뒤쪽의 망막에
　　　　　 맺히도록 교정해야 한다. 반대로 원시는 망막의 뒤쪽에 상이 맺힌다. 볼록렌즈를 이용해 초점거리를 짧게 해서 상이
　　　　　 앞쪽에 맺히도록 교정해야 한다. 볼록렌즈를 사용하면 수정체를 두껍게 해주는 효과가 난다.
　　　 (4) 렌즈를 통과한 물체의 상을 쉽게 작도하려면 물체의 한 점에서 반사된 빛이 진행하는 모습에 집중하면 된다. 먼저
　　　　　 렌즈를 통과하는 빛의 작도법을 이용해 점 A 의 상이 맺히는 위치를 확인하고, 물체의 크기를 점 A 와 중앙선 그리
　　　　　 고 점 A' 와 중앙선이 떨어진 거리의 비를 이용해 망막에 맺힌 물체의 상을 그려주면 된다.

점수에 따른 성취도 등급

등급	1등급	2등급	3등급	4등급	5등급	총점
평가	39 점 이상	29 점 이상 ~ 38 점 이하	19 점 이상 ~ 28 점 이하	9 점 이상 ~ 18 점 이하	8 점 이하	49 점

▶ 총 8 문제입니다. 문제 배점은 각 문항별 평가표를 참고하면 됩니다.

▶ 1 번 : 영재성 검사 문항 / 2 ~ 6 번 : 창의적 문제 해결 문항 / 7 ~ 8 번 : STEAM 융합 문항

▶ 각 문항은 유창성, 융통성, 독창성, 정교성 네 가지의 창의력 요소를 기준으로 평가하였습니다.

유창성 : 특정 문제에 대해 제한된 시간 내에 다양한 해결책을 생각해 내었는지를 평가합니다. 질문의 의도에 타당한 답변의 개수가 많을 수록 높은 점수를 받습니다.

융통성 : 한 문제에 대해 여러 분야를 넘나들며 많은 해결책을 제시하였는가를 평가합니다. 답안이 서로 분야 혹은 범주가 겹치지 않는 답변이 많을수록 높은 점수를 받습니다.

독창성 : 남들과는 다른 본인만의 방법을 제시하였는가를 평가합니다.

정교성 : 처음에 생각해낸 아이디어를 다듬어 발전시켜 표현할 수 있는지 확인하는 문항입니다. 제시된 답안과 가깝고, 원리를 정확하게 이해하고 답했는지 평가합니다.

문 01
P. 20

문항 분석 및 평가표

⟶ 문항 분석 : 해설 참조. (정교성) (영재성 검사 문항)

⟶ 평가표 :

답이 맞는 경우	5 점

정답 및 해설

⟶ 정답 : 12 개

⟶ 해설 :

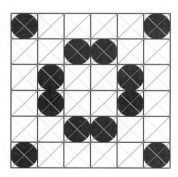 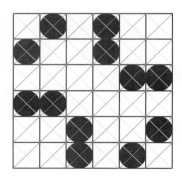

	: 대각선 방향

문 02
P. 21

문항 분석 및 평가표

⟶ 문항 분석 : 이 문제는 '마그누스 효과' 에 관한 것입니다. 마그누스 효과는 흐르는 물질 속에서 물체가 회전하며 특정한 방향으로 이동할 때 경로가 휘어지는 현상을 말합니다. 축구에서 공격수들은 마그누스 효과를 이용합니다. 축구공을 회전시켜 차면 공이 휘어져 가서 골키퍼가 공의 경로를 예상하기 힘들기 때문입니다. 축구공을 회전시키면 오른쪽의 그림처럼 휘어져 갑니다. (융통성, 정교성) (창의적 문제 해결 문항)

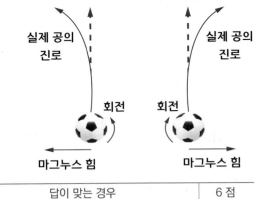

실제 공의
진로

실제 공의
진로

회전

회전

마그누스 힘

마그누스 힘

---> 평가표 :

답이 맞는 경우	6 점

정답및해설

---> 정답 : 무한이의 오른쪽에서 공을 봤을 때 공을 시계 방향으로 회전시키면 된다.

---> 해설: 그림처럼 무한이의 오른쪽에서 공을 봤을 때, 공을 시계 방향으로 회전시키면 공기의 흐름과 회전방향이 반대인 아래쪽은 기압이 높아지고, 공기의 흐름과 공의 회전 방향이 같은 위쪽은 기압이 낮아진다. 그래서 공이 기압이 높은 쪽에서 낮은 쪽으로 힘을 받아 진행방향이 휘어진다.

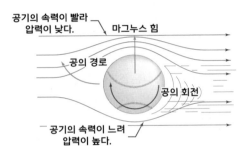

공기의 속력이 빨라
압력이 낮다.

마그누스 힘

공의 경로

공의 회전

공기의 속력이 느려
압력이 높다.

문 03
P. 22

문항 분석 및 평가표

---> 문항 분석 : 손등을 잘 보면 파란색 핏줄이 보입니다. 손등에 상처가 났을 때 분명히 빨간색 피가 나는데 왜 손등에 보이는 핏줄은 파란색일까요? 손등에 보이는 핏줄은 정맥입니다. 정맥은 헤모글로빈에 산소가 없는 혈액이 흘러 검붉은 색을 띠는데, 검붉은 색의 피가 두꺼운 손등 피부를 통과하면서 파란색 빛만 산란되어 핏줄이 파란색으로 보이는 것입니다.

입술은 손등에 비해 피부가 얇아 피부에서 산란되는 파란색 빛보다 반사되는 빨간색 빛이 더 많아 빨강게 보입니다. (융통성, 정교성) (창의적 문제 해결 문항)

---> 평가표 :

(1) 번 답이 맞는 경우	3 점
(2) 번 산소가 부족하거나 혈액순환이 되지 않는 경우에 입술이나 손톱 밑이 파랗게 된다는 것을 이해한 답안일 때	3 점
(1) + (2) 총합계	6 점

정답및해설

---> 정답 : (1) 밖이 추워서 혈관이 수축되어 몸에서 혈액을 느리게 순환시키기 때문에 평상시보다 산소가 많이 포함된 혈액이 입술로 충분히 전달되지 않아 파란색으로 된 것이다.

(2) ① 긴장했을 때
② 심장에 문제가 있을 때

③ 손가락을 실로 묶어서 손가락에 피가 통하지 않을 때
④ 목에 떡이 걸려 숨을 쉬지 못할 때

──> 해설 : (1) 입술은 피부가 아주 얇다. 그래서 평소에 입술의 핏줄이 피부에 비쳐 보여서 붉은색을 띤다. 긴장하거나 추울 때는 혈관이 수축해서 흐르는 혈액의 양이 적어져 파란색으로 보인다. 이는 손등의 핏줄이 파란색으로 보이는 것과는 다르다.

문 04
P. 23

문항 분석 및 평가표

──> 문항 분석 : 소리는 공기(매질)를 진동시켜 전달되는 파동입니다. 소리는 진동수가 클수록 높은음이 나고, 진동수가 작을 수록 낮은 음이 납니다. 매질에 따라 소리는 전달 속도가 다르고, 소리의 맵시도 달라질 수 있습니다. (유창성, 융통성) (창의적 문제 해결 문항)

──> 평가표 :

(1) 번 답이 맞는 경우	2 점
(2) 번 답이 맞는 경우	3 점
(1) + (2) 총합계	5 점

정답 및 해설

──> 정답 : (1) 평소에는 몸의 여러 부분이 진동하여 귀로 전달되는 내 목소리를 듣기 때문에 녹음된 자신의 목소리가 평소의 목소리와 다르게 느껴진다.
(2) 녹음된 혜원이의 목소리가 평소보다 더 높게 들린다.

──> 해설 : 목소리는 성대를 진동시켜 나는 소리이다. 평소에는 이 진동의 일부가 목과 입의 근육, 턱뼈 등을 통해 달팽이관까지 전달되어 들리게 된다. 이 과정에서 낮은 음의 소리가 더 잘 전달되기 때문에 평소의 목소리가 녹음된 목소리보다 낮게 들린다.

문 05
P. 24

문항 분석 및 평가표

──> 문항 분석 : 미생물의 수가 증가할수록 미생물의 생활에 필요한 양분은 부족해지고, 미생물에 해로운 노폐물은 증가하여 증식속도가 늦춰지게 됩니다. 이를 '환경 제한'이라고 합니다. 미생물의 개체 수 증가에 영향을 미치는 요인을 이용하여 해로운 미생물을 없앨 수 있는 방법을 생각해 봅시다. (유창성, 정교성) (창의적 문제 해결 문항)

──> 평가표 :

미생물이 더 이상 증가하지 않는 원인을 알고 방법을 찾아낸 경우	5 점

출제자 예시 답안

──> ① 인간에게 해롭지 않은 미생물을 증식시켜, 해로운 미생물이 살 수 있는 물리적인 공간이 부족하게 한다.
② 해로운 미생물과 먹이 경쟁을 하는 미생물 중 인간에게 해롭지 않은 것을 찾아 해로운 미생물이 있는 곳에서 증식하게 한다.
③ 해로운 미생물이 있는 곳에 미생물의 노폐물을 두어 더 이상 증식하지 못하게 한다.

문 06
P. 25

문항 분석 및 평가표

──> 문항 분석 : '경제속도'라는 것이 있습니다. 자동차나 선박이 연료를 가장 적게 사용하면서 많은 거리를 갈 수 있는 속도를 말합니다. 이 속도보다 빠르거나 느리면 연료의 소모량이 커져, 비경제적입니다. 가스 불은 어떻게 쓰면 더 경제적일지 생각하며 답을 써 봅시다. (유창성, 정교성) (창의적 문제 해결 문항)

| 가스비를 줄일 방법을 합리적으로 쓴 경우 | 5 점 |

━━▷ 평가표 :

출제자 예시 답안

━━▷ 불을 최대로 켜서 요리할 때와 적당한 불로 요리할 때 내용물이 끓는 시간에는 큰 차이가 나지 않지만 사용되는 가스양에는 큰 차이가 난다. 그래서 선영이는 너무 세지 않은 적당한 세기의 불로 물을 끓이는 것이 좋다.

문 07
P. 26

문항 분석 및 평가표

━━▷ 문항 분석 : 세포는 보통 성장하고 분열하여 새로운 세포를 형성합니다. 그러나 암세포는 대부분의 정상 세포보다 빠르게 성장하고 분열합니다. 방사선은 세포가 성장하고 분열하는 것을 막는 효과가 있어 암세포를 죽일 수 있습니다. 암 치료를 위해 방사선을 쬐면, 암세포 주변의 정상 세포도 영향을 받지만, 대부분은 회복하여 원래대로 작동합니다. (STEAM 융합 문항)

━━▷ 평가표 :

(1) 번 답이 맞는 경우	3 점
(2) 번 답이 맞는 경우	3 점
(3) 번 여러 가지 예를 쓴 경우	2 점
(1) + (2) + (3) 총합계	8 점

정답 및 해설

━━▷ 정답 : (1) 나이가 어릴수록 신진대사가 활발하고, 세포분열이 더 빠르게 일어나기 때문이다.
(2) 라듐에서 나오는 방사선은 파장이 짧고 에너지가 크기 때문에 암세포를 파괴할 수 있다.
(3) 예시답안) 약, 컴퓨터, 휴대폰, 칼, 게임, 밥

━━▷ 해설 : (1) 암세포는 정상 세포보다 세포분열이 더 빠르게 진행된다. 암세포의 세포분열이 두 배 더 빠르다고 가정하면, 어린 사람의 정상 세포가 100 개 분열할 때 암세포는 200 개 분열한다. 노인은 어린 사람보다 세포분열이 느리다. 노인의 정상 세포가 10 개 분열한다고 하면 암세포는 20 개 분열한다. 어린 사람의 암세포의 분열 속도가 더 빨라서 암세포의 숫자가 기하급수적으로 많아지므로 노인보다 암에 걸리면 더 치명적이다.
(2) 라듐에서 나오는 γ(감마)선은 원자핵이 붕괴될 때 발생한다. 파장이 짧고 에너지가 매우 커서 투과력이 강해서 암세포를 파괴할 수 있다. 그래서 암의 치료에 이용된다.

문 08
P. 28

문항 분석 및 평가표

━━▷ 문항 분석 : 뇌에는 850 억 개의 뉴런이 있고, 18 ~ 640 조 개의 신호가 매 초마다 뇌에 전달되고 있습니다. 뇌가 정보를 처리하는 속도는 엄청나게 빠르지만, 문자를 입력할 때 숨을 쉬면서 손을 움직이고 화면을 보는 등 여러 가지 일을 동시에 처리해야 하므로, 아무리 손의 속도가 빠르더라도 문자 내용을 생각해내는 빠르기에 한계가 있습니다. (STEAM 융합 문항)

━━▷ 평가표 :

(1) 번 합리적인 이유를 쓴 경우	3 점
(2) 번 단점을 쓴 경우	2 점
(3) 번 단점을 쓴 경우	2 점
(4) 번 편리한 키보드를 생각해내고 설명한 경우	3 점
(1) + (2) + (3) + (4) 총합계	10 점

——▶ (1) 뇌는 많은 정보를 처리하기 때문에 손이 아무리 빨라도 내용을 떠올리는 데에 시간이 걸려서 1 분에 120 단어 이상 입력할 수 없다.

(2) ① 자판의 크기가 큰 스마트폰을 사용한다.

② 스마트폰과 연결할 수 있는 키보드로 글자를 입력한다.

③ 입력할 내용을 미리 생각해 둔다.

(3) ① 내가 문자를 나누는 내용을 주변 사람이 볼 수 있어, 사생활 보호가 안 된다.

② 몸이 불편한 사람들이 이용하는 데에 한계가 있다.

③ 시끄러운 곳이나 어두운 곳에서는 작동이 어렵다.

(4) 스마트폰 뒷면과 스마트폰 펜에 감압장치를 단다. 펜은 왼손, 스마트폰은 오른손에 들고 키보드 자판을 칠 때 손가락 운지처럼 치면 글자가 입력되도록 한다. 만약 '아'라는 글자를 입력하고자 하면 왼손 가운뎃손가락으로 펜을 누르고, 오른손 가운뎃손가락으로 스마트폰을 누른다. '다'를 입력할 땐 왼손 가운뎃손가락을 아래에서 위로 쓸어 올리며 펜을 누르고, 오른손 가운뎃손가락으로 스마트폰을 누른다.

점수에 따른 성취도 등급

등급	1등급	2등급	3등급	4등급	5등급	총점
평가	41 점 이상	31 점 이상 ~ 40 점 이하	21 점 이상 ~ 30 점 이하	11 점 이상 ~ 20 점 이하	10 점 이하	50 점

> ▶ 총 8 문제입니다. 문제 배점은 각 문항별 평가표를 참고하면 됩니다.
>
> ▶ 1 번 : 영재성 검사 문항 / 2 ~ 6 번 : 창의적 문제 해결 문항 / 7 ~ 8 번 : STEAM 융합 문항
>
> ▶ 각 문항은 유창성, 융통성, 독창성, 정교성 네 가지의 창의력 요소를 기준으로 평가하였습니다.
>
> > 유창성 : 특정 문제에 대해 제한된 시간 내에 다양한 해결책을 생각해 내었는지를 평가합니다. 질문의 의도에 타당한 답변의 개수가 많을 수록 높은 점수를 받습니다.
> >
> > 융통성 : 한 문제에 대해 여러 분야를 넘나들며 많은 해결책을 제시하였는가를 평가합니다. 답안이 서로 분야 혹은 범주가 겹치지 않는 답변이 많을수록 높은 점수를 받습니다.
> >
> > 독창성 : 남들과는 다른 본인만의 방법을 제시하였는가를 평가합니다.
> >
> > 정교성 : 처음에 생각해낸 아이디어를 다듬어 발전시켜 표현할 수 있는지 확인하는 문항입니다. 제시된 답안과 가깝고, 원리를 정확하게 이해하고 답했는지 평가합니다.

문 01
P. 32

문항 분석 및 평가표

——▷ 문항 분석 : 해설 참조. (정교성) (영재성 검사 문항)

——▷ 평가표 :

답이 맞는 경우	5 점

정답 및 해설

——▷ 정답 : C

——▷ 해설 : 4 명 모두 자신의 모자는 볼 수 없으므로 다른 학생의 모자 색을 보고 자신의 모자를 추리할 수밖에 없다. A 와 B 는 다른 학생의 모자를 볼 수 없기 때문에 정답을 맞힐 수 없다. 답을 맞힐 가능성은 C 와 D 에게 있지만 B 의 모자가 흰색이고 C 의 모자가 검정색이므로 남은 모자는 흰색 1 개 검정색 1 개이다. 따라서 D는 자신의 모자를 맞힐 수 없고, D 가 주저하며 답을 맞히지 못하는 것을 알고서 C 는 B 와 자신의 모자색이 다르다는 것을 유추할 수 있다.

문 02
P. 33

문항 분석 및 평가표

——▷ 문항 분석 : 태양빛은 편광되어 있지 않습니다. 태양빛이 호수 면이나 도로 면에서 반사되면 수평으로 편광된 빛의 양이 많아집니다. 따라서 자동차 운전할 때 쓰는 눈부심 방지용 선글라스는 가시광선 영역 중 가로로 편광된 빛을 차단하고, 적외선은 통과시킵니다. 평소에 쓰는 선글라스 또한 자외선을 차단하고, 적외선은 통과시킵니다.

안경은 모든 영역의 전자기파를 통과시킬 수 있습니다. 최근에는 눈 건강을 위해 자외선 혹은 블루라이트를 차단하는 렌즈가 나왔지만, 이는 적외선 차단과는 관련이 없습니다.

적외선은 대부분의 물체에서 나오는 전자기파입니다. 또한, 적외선은 온도와 관련이 있습니다. 이러한 적외선의 특징을 이용해 적외선 카메라, 적외선 망원경 등은 물체의 온도를 측정하고, 주변에 빛이 없는 경우 물체의 형상을 볼 수 있게 합니다. (유창성, 정교성) (창의적 문제 해결 문항)

——▷ 평가표 :

답만 맞는 경우	2 점
답이 맞고, 설명이 타당한 경우	5 점

──▷ 정답 : 풀 수 있다. 안경이나 선글라스는 자외선이나 일부 가시광선을 차단하는 역할을 하고, 적외선은 통과시키기 때문이다.

──▷ 해설: 파장이 긴 빛(적외선)은 짧은 빛(가시광선, 자외선)에 비해 투과가 잘 된다. 그래서 적외선을 이용하여 사진을 찍을 경우, 적외선은 안경이나 선글라스를 써도 다른 영역의 전자기파에 비해 더 잘 투과된다.

문 03
P. 34

문항 분석 및 평가표

──▷ 문항 분석 : 배영할 때는 숨을 크게 들이마시고, 머리를 뒤쪽으로 최대한 꺾어 자세를 취해야 합니다. 숨을 크게 들이마시면 폐에 공기가 들어가 몸의 밀도가 작아져 잘 뜨게 되며, 머리를 뒤쪽으로 꺾으면 코를 제외한 몸의 다른 부분이 물에 잠겨 코는 물 밖으로 나오기 때문에 숨을 쉴 수 있기 때문입니다. (유창성, 정교성) (창의적 문제 해결 문항)

──▷ 평가표 :

(1) 번 합리적인 답일 경우	3 점
(2) 번 답이 맞는 경우	3 점
(1) + (2) 총합계	6 점

정답및해설

──▷ 정답 : (1) 예시 답안) ① 남자 주인공의 코나 입으로 물이 들어가 폐에 물이 차서 밀도가 커졌기 때문이다.
② 남자 주인공의 주머니 속에 금속으로 된 물건이 많아서 밀도가 커졌기 때문이다.
③ 바다의 조류로 인해 염도가 낮은 따뜻한 물이 많이 밀려들어 와서 바닷물의 밀도가 작아졌기 때문이다.
(2) 코와 입을 빼고 몸의 다른 부분을 물속에 더 넣도록 자세를 취한다. (배영 자세를 취한다.)

──▷ 해설: (1) 남자 주인공 몸의 밀도가 바다의 밀도보다 커야 가라앉는다.
① 폐에 공기가 가득 차면 사람의 몸의 밀도는 작아진다. 반대로 폐에 공기보다 밀도가 큰 물이 차면 사람 몸의 밀도는 커진다.
② 금속은 물보다 밀도가 크기 때문에 금속을 가지고 물에 들어가면 몸이 가라앉는다.
③ 염도가 같아도 물의 온도가 높으면 물의 밀도가 작다. 따라서 상대적으로 몸이 무거워져 가라앉는다.
(2) 밀도가 일정할 경우, 물에 잠기는 부피는 항상 일정하므로 몸의 다른 부분을 물에 넣으면 호흡하는 부분을 노출 시킬 수 있다. 보통 사람 몸의 약 93 % 가 물에 잠기고, 약 7 % 가 물 밖에 떠 있다. 물 밖에 떠있는 7 % 에 코가 포함되면 숨을 쉽게 쉴 수 있다.

문 04
P. 35

문항 분석 및 평가표

──▷ 문항 분석 : 폐에는 근육이 없어 횡격막과 늑골의 움직임으로 생긴 기압 차에 의해 기체가 교환됩니다. 늑골이 올라가고 횡격막이 내려가면 흉강이 커지게 되고 압력이 낮아져 외부의 기체가 폐 안으로 들어오며, 늑골이 내려가고 횡격막이 올라가면 폐의 공간이 작아지게 되고 압력이 높아져 폐 속의 기체가 외부로 나가게 됩니다. (유창성, 정교성) (창의적 문제 해결 문항)

──▷ 평가표 :

과학적으로 타당한 답을 1 가지 쓴 경우	2 점
과학적으로 타당한 답을 2 가지 이상 쓴 경우	5 점

출제자 예시 답안

──▷ ① 나의 의지대로 움직일 수 있는 근육(수의근)이라면, 코나 입을 막지 않고 폐에 힘을 주어 숨을 참을 수 있다.

② 폐에 근육이 생기고 늑골과 횡격막도 지금처럼 작동한다면, 숨을 들이마시거나 내쉬는 압력이 더 커진다.

③ 심폐소생술을 하지 않고, 전기 자극으로도 숨을 쉬게 할 수 있다.

---> 해설: ① 만약 수의근이 생긴다면 뇌의 명령에 따라 폐가 움직이게 되고, 숨을 쉬고 싶을 때 쉴 수 있게 된다. 현재는 늑골과 횡격막의 움직임으로 흉강과 외부 사이에 기압 차가 생겨 기체가 드나든다. 그러나 폐에 근육이 생기면 늑골과 횡격막의 운동이 필요 없어진다. 즉 늑골과 횡격막이 움직여야 숨을 쉴 수 있었던 방식과 반대로 폐의 움직임 때문에 늑골과 횡격막이 움직이게 될 수도 있다.

문 05
P. 36

문항 분석 및 평가표

---> 문항 분석 : 피부 감각은 다른 감각과 마찬가지로 감각 수용체의 수가 감소하고, 신경 전달 속도가 느려지면서 노화를 겪습니다. 대뇌에 있는 촉각 중추 신경 세포 수의 감소도 피부 감각 노화의 원인입니다. 정상적인 사람은 두 바늘을 2 mm 의 간격으로 떨어뜨려 놓고 찔러도 바늘을 두 개로 인식하지만, 피부 감각이 노화된 65 세 이상의 사람은 바늘의 간격을 2 배 가까이 늘려야 두 개로 인식할 수 있습니다. (정교성) (창의적 문제 해결 문항)

---> 평가표 :

답이 맞고, 타당하게 설명한 경우	4 점

정답 및 해설

---> 정답 : 뜨거운 맛은 진짜 맛이 아니다. 맛은 짠맛, 단맛, 신맛, 쓴맛, 감칠맛 다섯 종류가 있다. 뜨거운 감각은 입속의 촉점 중 온점과 통점이 자극되는 것이다.

---> 해설 : '뜨거운 맛' 은 통각 자극으로 인한 것이기 때문에 감각이 노화된 사람일수록 젊은 사람에 비해 뜨거운 음식을 잘 먹을 수 있다.

문 06
P. 37

문항 분석 및 평가표

---> 문항 분석 : 달리는 물체의 가속도가 클수록 안에 타고 있는 사람이 쏠리는 힘은 큽니다. 사람이 다치지 않는 범위에서 안전벨트를 매지 않아도 됩니다. (유창성, 정교성) (창의적 문제 해결 문항)

---> 평가표 :

이유를 합리적으로 쓴 경우	4 점

출제자 예시 답안

---> ① 기차의 무게가 아주 무겁기 때문에 어떤 것이 충돌해도 기차의 충돌 후 속도 변화가 크지 않아 사람이 앞으로 튕겨 나갈 일이 적기 때문이다.

② 기차는 짧은 시간 안에 갑자기 속력이 줄어드는 경우가 거의 없어 사람이 앞으로 튕겨 나갈 일이 없기 때문이다.

---> 해설 : ① 기차의 무게는 1000 t 이 넘는다. 고속 열차의 경우 속력이 최소 270 km/h 이기 때문에 고속 열차는 운동량이 아주 크다. 따라서 사고가 나더라도 운동량의 변화가 급격하게 변하지 않고, 사람이 많이 튕겨나가지 않는다.

② 기차는 질량이 아주 크고, 브레이크는 마찰계수가 작은 금속끼리 마찰하게 되어있다. 그래서 짧은 시간 안에 속력이 0 으로 떨어지기 힘들고, 멈출 때까지 많은 거리를 움직인다. (제동거리가 길다) 이는 사람이 큰 관성으로 앞으로 튕겨 나가는 일이 적다는 것을 의미한다.

문 07
P. 38

문항 분석 및 평가표

---> 문항 분석 : 저항에 전류가 흐르면 저항 내부에서 자유 전자와 원자가 충돌하여 열이 발생합니다. 전류가 흐르는 저항에서는 발생하는 에너지에 비례하여 열이 납니다. 회로에 전류가 흐르고 열이 발생하여 바이메탈이 휘어

지면 회로가 끊겨 불이 꺼지고, 바이메탈이 식으면 회로가 다시 연결되어 불이 켜지는 것을 반복하여 꼬마전구 장식이 깜빡거립니다. (STEAM 융합 문항)

⟶ 평가표 :

(1) 번 답이 맞는 경우	5 점
(2) 번 알맞은 그림을 그리고, 설명한 경우	5 점
(1) + (2) 총합계	10 점

정답및해설

⟶ 정답 : (1) 필라멘트 아래에 두 도선을 잇는 도선을 연결한다.

(2) 전류가 흐르지 않을 때 a 회로에 붙어있던 바이메탈이 전류가 흘러 뜨거워지면 구부려져 b 회로에 접촉해 불빛이 깜빡한다. 이때, b 회로에 저항을 크게 하여 전류가 덜 흐르고 열 발생이 적도록 만든다.

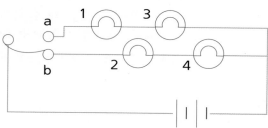

⟶ 해설 : (1) 전구의 필라멘트가 끊겨도, 필라멘트 밑의 전선으로 전류가 흐른다. 그래서 꼬마전구 장식이 직렬로 연결되어 있음에도 꼬마전구가 모두 불이 켜진 상태를 유지한다. 이때, 전선은 필라멘트보다 저항이 큰 것으로 하여 평소에는 전류가 필라멘트 쪽으로 흐르도록 만든다. (저항 두 개가 병렬로 연결되어 있을 때, 저항값의 크기가 작은 쪽으로 전류가 더 많이 흐른다.

(2) 전류가 많이 흐르면 열이 많이 발생한다. a 회로에는 전류가 많이 흐르게 하여 바이메탈을 달궈 구부리고, b 회로에는 전류가 적게 흐르게 해서 바이메탈을 식혀 원상태로 돌아오게 한다. 전압이 일정할 때 회로의 저항값이 크면 회로에 흐르는 전류의 양이 적어진다.

문 08
P. 40

문항 분석 및 평가표

⟶ 문항 분석 : 해설 참조. (STEAM 융합 문항)

⟶ 평가표 :

(1) 번 답이 맞는 경우	3 점
(2) 번 과학적으로 합리적인 차이점을 쓴 경우	4 점
(3) 번 답이 맞는 경우	3 점
(1) + (2) + (3) +(4) 총합계	10 점

——▷ 정답 : (1) 포화 지방산은 분자 간의 인력이 커서 더 높은 온도에서 액화되기 때문에 고체 상태로 존재한다.

(2) 체온 유지 방식에 따라 다를 것이다.

(3) 지방은 소화되어 잘게 나누어져 혈관을 통해 이동하는데, 포화 지방산은 인력이 강해 서로 덩어리로 만들어져 혈관에 쌓인다. 혈관에 계속 쌓이면 혈류속도가 느려지고, 덩어리가 더 많이 쌓여 뇌졸중에 걸릴 확률이 높다.

——▷ 해설 : (2) 온도 조절이 불가능한 식물과 변온 동물은 낮은 온도에서도 자신의 상태를 유지하기 위해 불포화 지방산의 비율이 높아야한다. 대부분의 물고기는 수온이 낮은 곳에서도 자신의 상태를 유지해야 하므로 불포화 지방산의 비율이 높다. 하지만 체온을 일정하게 조절하는 항온 동물은 피부밑에 지방을 쌓아 몸의 열이 빠져나가는 것을 막고, 외부의 자극으로부터 자신을 보호해야 하므로 포화 지방산의 비율이 높다.

점수에 따른 성취도 등급

등급	1등급	2등급	3등급	4등급	5등급	총점
평가	39 점 이상	29 점 이상 ~ 38 점 이하	19 점 이상 ~ 28 점 이하	9 점 이상 ~ 18 점 이하	9 점 이하	49 점

▶ 총 8 문제입니다. 문제 배점은 각 문항별 평가표를 참고하면 됩니다.

▶ 1 번 : 영재성 검사 문항 / 2 ~ 6 번 : 창의적 문제 해결 문항 / 7 ~ 8 번 : STEAM 융합 문항

▶ 각 문항은 유창성, 융통성, 독창성, 정교성 네 가지의 창의력 요소를 기준으로 평가하였습니다.

유창성 : 특정 문제에 대해 제한된 시간 내에 다양한 해결책을 생각해 내었는지를 평가합니다. 질문의 의도에 타당한 답변의 개수가 많을 수록 높은 점수를 받습니다.

융통성 : 한 문제에 대해 여러 분야를 넘나들며 많은 해결책을 제시하였는가를 평가합니다. 답안이 서로 분야 혹은 범주가 겹치지 않는 답변이 많을수록 높은 점수를 받습니다.

독창성 : 남들과는 다른 본인만의 방법을 제시하였는가를 평가합니다.

정교성 : 처음에 생각해낸 아이디어를 다듬어 발전시켜 표현할 수 있는지 확인하는 문항입니다. 제시된 답안과 가깝고, 원리를 정확하게 이해하고 답했는지 평가합니다.

문 01
P. 44

문항 분석 및 평가표

⟶ 문항 분석 : 해설 참조. (정교성) (영재성 검사 문항)

⟶ 평가표 :

답이 맞는 경우	6 점

정답 및 해설

⟶ 정답 : A = 15 kg, B = 20 kg, C = 24 kg, D = 30 kg

⟶ 해설 : A, B, C, D 순으로 몸무게가 무거우므로 A 와 B 의 몸무게를 더한 값이 가장 작고 C 와 D 의 몸무게를 더한 값이 가장 크다는 것을 알 수 있다. → ① A + B = 35, ② C + D = 54

마찬가지로 A 와 C 의 몸무게를 더한 값이 두 번째로 작고 B 와 D 의 몸무게를 더한 값이 두 번째로 크다는 것을 알 수 있다. → ③ A + C = 39, ④ B + D = 50

A + D 와 B + C 는 비교할 수 없으므로 모든 학생의 몸무게가 자연수라는 점을 이용해서 문제를 해결한다.

A + D = 44 일 경우는 ①, ④ 와 연립해서 각각의 몸무게를 구하면 D = 29.5 kg 이 되어 모든 학생의 몸무게가 자연수라는 조건에 모순이 생긴다. 따라서 ⑤ A + D = 45, ⑥ B + C = 44 이다.

⑤ − ① → ⑦ D − B = 10

⑦ + ④ → 2D = 60 → D = 30 kg

이를 ② 에 대입하면 C = 24 kg, ④ 에 대입하면 B = 20 kg, ⑤ 에 대입하면 A = 15 kg 이다.

A = 15 kg, B = 20 kg, C = 24 kg, D = 30 kg

문 02
P. 45

문항 분석 및 평가표

⟶ 문항 분석 : 사람과 동물의 몸은 전류가 흐를 수 있는 도체입니다. 사람과 동물의 몸은 저항이 커서 전류가 흐르면서 열이 발생하고 감전이 됩니다. 사람들은 흔히 고전압이면 위험하다고 생각하지만, 고전압이어도 흐르는 전류가 약하다면 전력이 작고, 발생하는 열이 적으므로 위험하지 않습니다. 전력은 단위 시간당 공급되는 전기 에너지입니다. (유창성, 정교성) (창의적 문제 해결 문항)

P (전력) $= V \cdot I$

(1) 번 답이 맞는 경우	3 점
(2) 번 답이 맞는 경우	3 점
(1) + (2) 총합계	6 점

정답및해설

⟶ 정답 : (1) 예시답안) ① 다리가 긴 새는 감전 되어 타버리고, 다리가 짧은 새는 감전되지 않는다.

② 다리가 긴 새는 전기가 통해서 깜짝 놀라 부리를 떼고, 다리가 짧은 새는 가만히 앉아 있다.

(2) 날아온 새의 몸으로는 전류가 흐르지 않아 가만히 앉아 있다.

⟶ 해설: (1) 감전은 흐르는 전류의 양 그리고 시간과 관계가 있다. 흐르는 전류의 양이 많을수록, 전류가 긴 시간 동안 흐를수록 감전이 잘 되고 위험하다. 다리가 긴 새의 부리가 앉아있는 전기선과 다른 극의 전기선에 닿으며 닫힌 회로가 되어 전류가 흐른다. 전기선 위에 앉아 있는 다리가 짧은 새는 저항이 병렬로 연결된 것과 같다. 새는 전기선보다 저항이 매우 크기 때문에 아주 적은 전류가 흐르고, 감전되지 않는다.

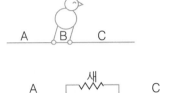

▲ 새가 전기줄에 앉아 있는 모습
(새의 저항) >> (전기줄 저항(A, B, C))
(새의 몸에 흐르는 전류) << (전기줄에 흐르는 전류)

(2) 다리가 긴 새는 앉아 있는 전선과 다른 극의 전류가 흐르는 전선에 부리가 닿았다. 그래서 두 전선의 전압 차이에 의해 새의 몸을 타고 전류가 흘러 감전된다. 하지만 날아온 새는 전선 하나에만 닿아 있고, 다리가 긴 새에 의해 만들어진 닫힌 회로의 바깥에 앉아 있어 전압 차이는 0 으로 몸으로 전류가 흐르지 않고 감전되지 않는다.

문 03
P.46

문항 분석및 평가표

⟶ 문항 분석 : 독사에게 물린 후 움직이면 혈액 순환이 촉진되어 빠른 속도로 독이 온몸에 퍼집니다. 그러므로 독사에게 물린 후에는 움직임을 최소화하고, 독이 퍼지지 않도록 물린 부위 위쪽을 압박하여 온 몸에 피를 보내는 심장까지 독이 가지 않도록 해야 합니다.

뱀의 독에는 여러 종류가 있습니다. 신경을 마비시키는 신경독, 혈관 벽을 파괴하여 계속 출혈하도록 하는 출혈독, 적혈구를 파괴하여 급성 빈혈을 일으키는 용혈독, 혈액이 응고하는 것을 방해하는 항응고독 등이 그 예입니다. (융통성, 정교성) (창의적 문제 해결 문항)

평가표 :

(1) 번 답이 맞는 경우	2 점
(2) 번 답이 맞는 경우	3 점
(1) + (2) 총합계	5 점

출제자 예시 답안

(1) 뱀은 자신의 혀를 깨물어도 죽지 않는다. 이는 뱀이 자신의 독에 대한 해독 능력을 가지고 있다는 증거이다. 그러므로 독사는 같은 종족과 싸우다 물려도 상처만 입고, 독으로 인해 죽지는 않는다.

(2) 코브라가 살모사보다 나중에 죽을 것이다. 코브라가 살모사에게 물리면 출혈이 계속되지만 움직일 수 있지만, 살모사는 코브라에게 물리면 신경이 모두 마비되어 움직일 수 없다. 코브라와 살모사가 동시에 서로를 물었다고 가정해 보자. 살모사는 몸이 마비되어 움직일 수 없지만, 코브라는 출혈이 있지만 움직일 수 있다. 코브라는 움직이지 못하는 살모사를 계속 물어 독이 더 빨리 몸에 퍼지기 때문에 살모사가 더 빨리 죽는다.

해설: (1) 살모사는 자신의 독에 대한 해독 능력이 있어 서로 싸우다가 물려도 살아남을 수 있지만, 코브라는 자신의 독에 대한 해독 능력이 없어 새로 싸워서 물리면 죽는다.

(2) 심장 박동과 호흡 운동은 중추 신경계 중 연수가 조절한다. 신경이 마비되면 중추 신경계가 마비되고, 심장 박동과 호흡이 멈춘다. 또한 신경독은 운동신경까지 마비시키기 때문에 한번 물리면 움직일 수 없어 코브라에게 여러 번 물리고, 물린 동물은 독이 더 빠르게 몸에 퍼져 단시간에 사망할 확률이 높다.

문 04
P.47

문항 분석 및 평가표

문항 분석 : 자동차가 굽은 도로를 따라 운행할 때, 차체는 관성의 법칙에 따라 직선 운동을 지속하려는 경향이 있습니다. 하지만 도로와 자동차 바퀴와의 마찰력이 충분히 크다면 차체는 굽은 도로를 따라 움직입니다. (정교성) (창의적 문제 해결 문항)

평가표 :

(1) 번 답이 맞는 경우	3 점
(2) 번 타당하게 설명한 경우	3 점
(1) + (2) 총합계	6 점

정답 및 해설

정답 : (1) 산을 오르는 길이 일직선이라면 기울기가 너무 가팔라서 오르기 힘들기 때문이다.

(2) 선영이의 생각이 옳다. 커브 길이 기울어져 있으면, 차가 커브 길을 돌 때 원심력에 의해 커브 길 바깥쪽으로 밀려나는 것을 막을 수 있기 때문이다.

해설: (1) 산을 오르는 길이 일직선이면 올라가는 데에 걸리는 시간은 짧지만, 같은 시간 동안 산을 오르는 에너지가 크기 때문에 더 힘이 들고, 일반 중형차의 동력으로는 가파른 산을 오르기 힘들다.

(2) 지면의 아래쪽으로 힘을 받아 낭떠러지 쪽으로 쏠리지 않기 때문에 커브길 바깥쪽으로 차가 밀려나는 것을 막을 수 있다.

문항 분석및 평가표

—→ 문항 분석 : 맛이 난다는 것은 액체 화학 물질이 미각 신경을 자극하여 그 자극을 인식하는 것입니다. 짠맛은 주로 음
이온에 의해 나는 맛입니다. 특히 염소 이온은 강한 짠맛을 냅니다. 신맛은 수소 이온, 단맛은 주로 아미
노산, 쓴맛은 마그네슘 혹은 칼슘 이온에 의해 맛이 납니다.
　　냄새가 난다는 것은 화학물질이 기화하여 기체의 형태로 후각 신경을 자극하여 그 자극을 인식하는 것입
니다. (융통성, 정교성) (창의적 문제 해결 문항)

—→ 평가표 :

정수 과정 후 맛이 나는지 타당한 주장과 설명을 한 경우	2 점
정수 과정후 냄새가 나는지 타당한 주장과 설명을 한 경우	2 점
총합계	4 점

출제자 예시 답안

—→ <맛>
　　소금물을 끓이면 물은 증발하고 소금만 남는다. 라면 스프도 소금과 같이 고체인 가루이기 때문에 물에 녹아 있던 스프
는 <보기> 의 정수 과정을 거치면 물과 함께 증발하지 못하고 바닥에 남아 있다. 그래서 증발하여 정수된 물에는 라면
스프의 맛이 안 난다.
　　<냄새>
　　기화된 화학 물질이 수증기와 섞여 있다가 물 분자가 액화 될 때 섞여 들어가서 <보기> 의 정수 과정을 거쳐도 냄새가
날 것이다.

문항 분석및 평가표

—→ 문항 분석 : 축구장의 잔디 깎기는 롤러가 있습니다. 이 롤러는 잔디 깎기가 움직이는 방향으로 잔디를 구부립니다.
　　　　　　(유창성, 융통성) (창의적 문제 해결 문항)

—→ 평가표 :

(1) 번 답이 맞는 경우	2 점
(2) 번 답이 맞는 경우	3 점
(1) + (2) 총합계	5 점

정답 및 해설

—→ 정답 : (1) 축구에서 오프사이드를 판정하기 위해서는 수비수와 공격수 중 누가 더 앞에 있는지가 중요하다. 줄무늬가
　　　　　있으면 심판은 선수들이 누가 앞에 있고 누가 뒤에 있는지를 한눈에 볼 수 있기 때문에 축구장의 잔디를 줄무
　　　　　늬 모양으로 깎는다.
　　　　(2) 잔디가 누워있는 방향을 다르게 해서 색이 달라 보이게 만든다.

—→ 해설: (1) 공격팀 선수가 공을 패스하는 순간 공격수가 상대편 진영에서 상대편 최종 수비수보다 앞에 있다면 공격수는
　　　　　오프사이드 위치에 있는 것이다. 잔디에 줄무늬가 있다면 선수가 오프사이드 위치인지 아닌지를 심판이 어디
　　　　　에서 바라보든 쉽게 판단할 수 있다.
　　　　(2) 해가 내 등 뒤에 있고, 잔디가 누워 있다면 햇빛이 많이 반사되어 내 눈에 들어와 잔디가 옅은 색으로 보인다. 반대
　　　　　로 잔디가 엎드려 있다면 햇빛은 반대편으로 반사되어 내 눈에 들어오는 햇빛이 적어 진한 색으로 보인다.

문항 분석 및 평가표

⟶ 문항 분석 : 방귀 소리는 휘파람 소리가 나는 원리와 비슷합니다. 장안에서 공기가 진동하고, 그 공기가 바깥의 공기를 진동시켜 소리가 납니다. (STEAM 융합 문항)

⟶ 평가표 :

(1) 번 답이 맞는 경우	4 점
(2) 번 답이 맞는 경우	4 점
(3) 번 기압을 이용해 부상 입는 이유를 설명한 경우	4 점
(1) + (2) + (3) 총합계	12 점

정답 및 해설

⟶ 정답 : (1) 방귀가 나올 때 항문이 가청 주파수만큼 진동하기 때문이다.
(2) 사라지지 않는다. 항문이 아닌 다른 곳으로 방귀가 나온다.
(3) 방귀를 뀔 때 장 내부의 기압이 낮아지면 바깥의 공기가 장 안으로 들어온다. 만약 불이 근처에 있다면, 공기와 같이 장 안으로 들어와 화상을 입을 수 있다.

⟶ 해설 : (1) 직장의 끝에는 조임근이 있다. 조임근이 방귀를 내보내기 위해 조금 열리면 방귀가 빠져나가는데, 동시에 직장의 압력이 낮아져 조임근이 다시 닫힌다. 조임근이 1 초당 20 회 이상 열리고 닫히는 과정이 반복되면 주변의 공기가 진동하여 방귀 소리가 들리게 된다.
(2) 방귀를 참으면 장 내에 방귀가 축적되어 복부가 팽만해진다. 그러다가 방귀의 일부는 혈액에 재흡수되어 숨 쉴 때 배출되고, 일부는 간에 흡수되어 소변으로 배출된다. 또한, 트림으로 나오기도 한다.
(3) 장 내부의 기압이 낮아지면 장은 원래 안정된 상태의 기압으로 돌아가기 위해 장 외부의 공기를 흡입한다. 이때 주변에 불이 있으면 불이 공기와 함께 장 안으로 흡입되어 엉덩이뿐만 아니라 장 내부까지 화상을 입을 수 있다.

문항 분석 및 평가표

⟶ 문항 분석 : 해설 참조. (STEAM 융합 문항)

⟶ 평가표 :

(1) 번 답이 맞는 경우	3 점
(2) 번 답이 맞는 경우	3 점
(3) 번 답이 맞는 경우	3 점
(1) + (2) + (3) 총합계	9 점

정답 및 해설

⟶ 정답 : (1) 회전을 하며 앞으로 나가면 공기의 저항이 있어도 뒤집히지 않고 일정한 상태로 안정되게 멀리 날아갈 수 있기 때문이다.
(2) 면갑과 같이 섬유를 여러 겹 겹쳐서 만든 방탄복은 그물처럼 촘촘해서 총알이 통과하지 못한다. 하지만 뾰족한 무기는 섬유를 찢고 그물 사이로 들어갈 수 있어서 방탄복은 뾰족한 무기에는 약하다.
(3) 예시답안) 총알이 날아온 운동량만큼 사람도 운동을 해야 하기 때문에 가슴에 총알을 맞는다면 사람은 뒤로 넘어진다.

⟶ 해설 : (1) 총알이 회전하면 각운동량이 생기기 때문에 공기 저항이 있어도 원래 운동 상태를 유지할 수 있다.
(2) 총알은 물체에 닿으면 '머쉬룸 효과'가 나타난다. '머쉬룸 효과'란 총알이 물체에 닿는 순간 충격으로 탄두가 버섯처럼 납작하게 퍼지는 현상을 말한다. 방탄복은 머쉬룸 효과로 표면적이 늘어난 총알을 그물처럼 촘촘하게 되어있는 섬유 사이에 걸리게 해서 총알의 진행을 멈춘다. 이불에 야구공을 던졌을 때 야구공이 이불을 뚫지 못하고 정지하는 것도 마찬가지이다. 만약 총알이 납작해지지 않도록 강철 심을 앞에 부착해 만든다면 방탄복을 파고 들어갈

(3) 에너지와 운동량은 항상 보존된다. 방탄복은 총알의 속력을 0으로 만든다. 총알이 잃은 에너지와 운동량을 사람의 몸이 받아내므로 뒤로 밀리며, 아프고 멍이 들 수 있다.

점수에 따른 성취도 등급

등급	1등급	2등급	3등급	4등급	5등급	총점
평가	41 점 이상	31 점 이상 ~ 40 점 이하	21 점 이상 ~ 30 점 이하	11 점 이상 ~ 20 점 이하	10 점 이하	53 점

▶ 총 8 문제입니다. 문제 배점은 각 문항별 평가표를 참고하면 됩니다.

▶ 1 번 : 영재성 검사 문항 / 2 ~ 6 번 : 창의적 문제 해결 문항 / 7 ~ 8 번 : STEAM 융합 문항

▶ 각 문항은 유창성, 융통성, 독창성, 정교성 네 가지의 창의력 요소를 기준으로 평가하였습니다.

유창성 : 특정 문제에 대해 제한된 시간 내에 다양한 해결책을 생각해 내었는지를 평가합니다. 질문의 의도에 타당한 답변의 개수가 많을 수록 높은 점수를 받습니다.

융통성 : 한 문제에 대해 여러 분야를 넘나들며 많은 해결책을 제시하였는가를 평가합니다. 답안이 서로 분야 혹은 범주가 겹치지 않는 답변이 많을수록 높은 점수를 받습니다.

독창성 : 남들과는 다른 본인만의 방법을 제시하였는가를 평가합니다.

정교성 : 처음에 생각해낸 아이디어를 다듬어 발전시켜 표현할 수 있는지 확인하는 문항입니다. 제시된 답안과 가깝고, 원리를 정확하게 이해하고 답했는지 평가합니다.

문 01
P. 56

문항 분석 및 평가표

——> 문항 분석 : 해설 참조. (정교성) (영재성 검사 문항)

——> 평가표 :

답이 맞는 경우	5 점

정답 및 해설

——> 정답 : 무한이 – A 마을, 상상이 – A 마을, 선영이 – B 마을, 혜원이 – A 마을

——> 해설 : ① 무한이가 A 마을에 살고 있는 경우

		상상이 – A 마을 선영이 – B 마을	▶	혜원이 – A 마을	(참)
무한이 – A 마을	▶				
	▶	상상이 – B 마을 선영이 – A 마을	▶	혜원이 – B 마을	(모순)

→ 혜원이가 B 마을 주민이라면 항상 진실을 말해야 하는데 선영이와 같은 마을에 살고 있다는 혜원이의 말이 거짓이 되므로 모순이 생긴다.

② 무한이가 B 마을에 살고 있는 경우

		상상이 – A 마을 선영이 – A 마을	▶	
무한이 – B 마을	▶			상상이의 말에 모순이 생긴다. (모순)
	▶	상상이 – B 마을 선영이 – B 마을	▶	

→ 상상이가 A 마을에 살면 상상이의 말은 진실이 되므로 모순되고, 상상이가 B 마을에 살면 상상이의 말은 거짓이 되므로 모순이 된다. 따라서 무한이가 B 마을 주민이라는 가정은 모순이다.

문항 분석 및 평가표

⟶ 문항 분석 : '굴러온 돌이 박힌 돌을 빼낸다.'는 '새로 들어온 사람이 본래 터를 잡고 있었던 사람을 내쫓거나 해를 입힌다.' 것을 비유적으로 이르는 말입니다. 여러 가지 과학 현상 중에 박힌 돌(원래 있던 것)을 굴러온 돌(새로운 것)이 대체하는 모습을 보이는 것에는 무엇이 있을지 따져 보며 속담과 관련 있는지 생각하면 더 쉽게 답을 낼 수 있습니다. (유창성, 융통성) (창의적 문제 해결 문항)

⟶ 평가표 :

알맞은 답을 1 가지 이상 쓴 경우	3 점
알맞은 답을 3 가지 이상 쓴 경우	5 점

출제자 예시 답안

⟶ ① 앙금 생성 반응 : NaCl(염화 나트륨)를 $AgNO_3$(질산은)와 반응시키면, NaCl 의 Cl 이온이 $AgNO_3$ 의 NO_3 이온을 몰아내고 Ag 이온과 앙금 생성반응한다. $AgNO_3$ 의 입장에서 Cl 이온은 굴러온 돌, NO_3 이온은 박힌 돌이라고 볼 수 있다.

② 광전 효과 : 금속에 진동수가 충분히 큰 빛을 쪼이면, 전자가 빛의 에너지를 흡수하여 금속판에서 탈출한다. 빛은 금속판으로 굴러온 돌, 전자는 금속판에 박힌 돌이라고 볼 수 있다.

③ 열분해 : $NaHCO_3$(탄산수소나트륨)에 열을 가하면 H 이온, C 이온, O 이온이 서로 반응하여 물과 이산화 탄소가 튀어나온다. 굴러온 돌은 열, 박힌 돌은 H 이온, C 이온, O 이온이다.

④ 전기 분해 : 물(H_2O)에 전류를 흘러주면 수소 기체(H_2)와 산소 기체(O_2)가 나온다. 물에 가해준 전기는 굴러온 돌, 수소 기체와 산소 기체는 박힌 돌이다.

문항 분석 및 평가표

⟶ 문항 분석 : 무지개는 제 1 차 무지개, 제 2 차 무지개, 과잉 무지개, 안개 무지개, 수평 무지개로 크게 나눌 수 있습니다. 여기서 제 1 차 무지개가 우리가 가장 흔하게 볼 수 있는 것으로, 아치 모양의 바깥쪽에 빨간색, 안쪽에 보라색의 순서로 되어 있습니다. 제 2 차 무지개는 물방울 안에서 빛이 두 번 반사하여 만들어진 무지개인데, 제 1 차 무지개보다 한 번 더 반사되므로 색이 반대로 배치됩니다. (융통성, 정교성) (창의적 문제 해결 문항)

⟶ 평가표 :

(1) 번 답이 맞는 경우	3 점
(2) 번 답이 맞는 경우	3 점
(1) + (2) 총합계	6 점

정답 및 해설

⟶ (1) 원형 고리의 형태로 보인다. 지상에서 무지개를 볼 때는 아랫부분에 물 분자가 없어 빛이 굴절, 반사될 일이 없지만, 상공에서 무지개를 볼 때는 공기 중의 물 분자가 사방에 있어서 모든 곳에서 빛이 굴절, 반사된다. 빛은 똑같은 각도로 물 분자에 들어가고 나오므로 사방에서 굴절, 반사된 빛은 원형 고리의 형태를 만든다.

(2) 있다. 물 분자에서 빛이 두 번 반사하면 색이 반전되어 무지개가 생긴다.

⟶ 해설: (1)

◀ 하늘 위에서 원형 고리 형태로 보이는 무지개

(2) 2 차 무지개는 빛이 물방울 안에서 두 번 반사한다. 2 차 무지개는 주로 1 차 무지개 위쪽에 함께 나타난다.

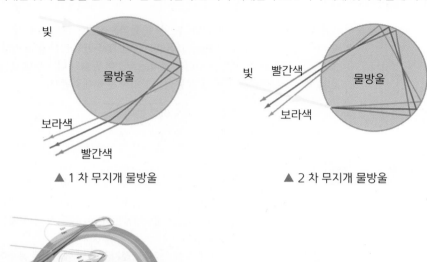

▲ 1 차 무지개 물방울　　　　　　　　▲ 2 차 무지개 물방울

◀ 1 차무지개 위에 생기는 2 차 무지개

문 04
P. 59

문항 분석 및 평가표

——> 문항 분석 : 정체된 고속도로에서 차가 움직였다 멈추기를 반복하는 경험을 해 본 적이 있나요? 앞차가 움직였다가 멈추면 내가 탄 차량도 움직였다 멈추고, 그 후에 뒤차가 움직였다가 멈춥니다. 정체된 줄 전체에서 이 현상이 반복되는데, 비행기를 타고 위에서 보면 자동차들이 가까이 붙어 있는 부분과 떨어져 있는 부분이 파도치는 것처럼 보입니다. 이를 '교통파(traffic wave)' 라고 부릅니다. (융통성, 독창성) (창의적 문제 해결 문항)

——> 평가표 :

답이 맞고, 합리적으로 설명한 경우	6 점

정답 및 해설

——> 정답 : 큰 트럭만 있으면 움직였다가 멈추는 시간 간격이 더 길다. 작은 차만 있을 때와 큰 트럭만 있을 경우 모두 운전자들이 안전거리와 진행하는 속도가 같다면, 큰 트럭은 자신의 몸체 길이만큼 더 가야 하기 때문에 앞차와 뒤차가 가까워졌다가 멀어지는 시간이 더 길다. 따라서 큰 트럭만 있으면 움직였다 멈추는 시간 간격이 더 길다.

——> 해설:

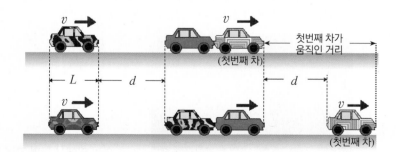

그림과 같이 길이가 L 인 자동차들이 속도 v 로 주행하고 있다. 모든 자동차는 안전 거리 d 를 유지하고 있으나 가장 앞에 있는 두 자동차의 사이 간격만 0 이다. 두 번째 자동차의 운전자는 일정한 크기의 가속도로 속도를 조절하여 앞차와의 안전거리를 확보하였다. 그런데 이번에는 세 번째 자동차와 두 번째 자동차의 간격이 0 이 되고, 이번에는 세 번째 자동차의 운전자가 일정한 크기의 가속도로 속도를 조절하여 안전 거리를 확보하게 된다.

첫번째 자동차가 움직인 거리는 $d + L$ 이다. 따라서 일정한 속력으로 주행할 경우 자동차의 길이가 길수록 움직였다가 멈추는 시간 간격이 더 길다.

문 05
P. 60

문항 분석 및 평가표

⟶ 문항 분석 : 지구는 적도 부근이 따뜻하고, 극지방 부근은 춥다. 자전하지 않는다면, 공기는 적도에서 극지방으로만 바람이 분다. 지구가 자전하면서 북쪽을 기준으로 자전하는 방향의 오른쪽으로 북동 무역풍이 형성되고, 순환하는 부분이 세 개로 나누어집니다. (융통성, 정교성) (창의적 문제 해결 문항)

⟶ **평가표** :

(1) 번 대기 순환이 그림 (가) 와 같을 때 우리 나라의 기후를 알맞게 예상한 경우	2 점
(2) 번 정답이 맞고, 정확하게 설명한 경우	3 점
(1) + (2) 총합계	5 점

출제자 예시답안

⟶ (1) ① 북풍만 불어서 추울 것이다.
② 비가 오지 않는 건조한 기후가 될 것이다.
③ 대기 순환에 의한 표층 해류가 적도를 향해서만 순환하므로 배를 타고 노를 젓지 않으면 적도에 도달할 것이다.
④ 바람이 남쪽을 향해서만 불어서 나무들이 모두 남쪽을 향해 있을 것이다.
(2) 주로 위도 30° 부근에 사막이 형성될 것이다. 위도 30° 부근은 공기가 하강하여 고기압이 형성되고, 비가 적게 오기 때문이다.

⟶ 해설: (1) ① 북반구의 위도 30° 부근에 위치한 우리나라에서는 지구가 자전하지 않을 경우 공기가 상승하지 않아 구름이 형성되지 않으며 춥고 건조해진다.
③ 표층 해류는 바람에 의해서만 형성되는 바다의 흐름이다. 지구가 자전하지 않아 적도 쪽으로만 바람이 분다면 표층 해류도 북극에서 적도를 향해서만 형성될 것이다.
(2) 위도 30° 부근에 위치한 지역에서는 하강 기류만 존재한다. 구름은 상승 기류에서 공기가 단열 팽창을 해야 생기기 때문에, 위도 30° 부근에 위치한 지역에서는 구름이 생기지 않고 비가 오지 않아 건조해진다. 따라서 위도 30° 부근에 사막이 형성된다.

문 06
P. 61

문항 분석 및 평가표

⟶ 문항 분석 : 차의 맛과 향은 물의 온도, 양에 따라 달라집니다. 다도를 할 때 찻잔을 데우는 이유도, 차가운 찻잔은 물의 온도를 낮출 수 있고 이는 차 맛에 영향을 주기 때문입니다. 가스레인지로 물을 끓일 때와 전자레인지로 물을 끓일 때 어떤 점이 다른지 생각해 보면, 차 맛이 다르게 느껴진 이유도 쉽게 생각해낼 수 있습니다. (유창성, 융통성) (창의적 문제 해결 문항)

⟶ **평가표** :

답이 맞는 경우	4 점

정답 및 해설

⟶ 정답 : 전자레인지로 물을 끓이면 표면이 빠르게 가열되어 끓는 것처럼 보이지만, 안쪽은 온도가 덜 올라간 상태여서 전체적으로 주전자로 끓인 물보다 온도가 낮다. 물의 온도가 충분히 뜨겁지 않아서 찻잎이 충분히 우러나오지 않기 때문에 차의 향과 맛이 다르게 느껴진 것이다.

——> 해설: 주전자로 물을 끓일 때는 주로 가스레인지(혹은 인덕션)를 사용합니다. 가스레인지를 사용하면 주전자의 아랫부분부터 가열되어 온도가 높아진 아랫부분의 물이 위쪽으로 상승하며 물이 대류를 하게 됩니다. 하지만 전자레인지는 아랫부분을 제외한 윗부분과 양옆부터 데워지게 됩니다. 따라서 가스레인지보다 전자레인지로 물을 끓일 때 비교적 물의 대류가 느리고, 겉 부분이 먼저 가열되어 겉으로는 물이 끓는 것처럼 보여도 실제로 내부는 끓지 않아 전체 온도가 100 ℃ 보다 낮습니다.

문 07
P. 62

문항 분석및 평가표

——> 문항 분석 : 노인성 난청의 원인은 연령 증가로 인한 달팽이관 신경 세포의 퇴행으로 인한 것입니다. 이는 감각성 난청에 속합니다. 노인성 난청을 가진 사람은 보청기를 사용하는데, 보청기는 소리를 증폭하여 잘 들리지 않는 난청 환자를 보조해주는 역할을 합니다. (STEAM 융합 문항)

——> 평가표 :

(1) 번 답이 맞는 경우	3 점
(2) 번 합리적인 답을 쓴 경우	3 점
(3) 번 소음성 난청을 이해한 답일 경우	3 점
(1) + (2) + (3)총합계	9 점

출제자 예시답안

——> 정답 : (1) ① 전음성 난청을 겪고 있는 사람에게 도움이 될 수 있다. 감각성 난청과는 다르게 청소골과 달팽이관, 그리고 중추 신경계는 정상이므로 뼈의 진동을 소리로 들을 수 있기 때문이다.
② 혼합성 난청을 겪고 있는 사람에게 도움이 될 수 있다. 혼합성 난청을 겪고 있는 사람은 전음성 난청과 감각성 난청을 동시에 가지고 있기 때문에, 골전도 이어폰을 사용하면 전음성 난청으로 들리지 않았던 몇 가지의 소리는 들을 수 있다.
(2) ① 정확한 파형이 전달되지 않아 소리의 맵시가 달라져 음질이 안 좋다.
② 청각이 정상인 사람인 경우 골전도 이어폰을 착용하면 주변의 소리도 들리기 때문에 집중력이 떨어진다.
③ 오래 차고 있으면 이어폰을 찬 부분에 압박이 느껴져서 아프다.
(3) ① 큰 소리를 오래 들으면 달팽이관이나 청신경이 손상되기 때문이다.
② 사람이 자극을 느끼기 위해서는 처음 자극에 비해 일정한 비율 이상으로 더 강한 자극을 주어야 하기 때문이다. 음악을 큰 소리로 오래 들으면 그 자극에 익숙해져 작은 소리는 들을 수 없게 된다.

문 08
P. 64

문항 분석및 평가표

——> 문항 분석 : 소금은 '조해성' 이라는 성질이 있습니다. 조해성은 주변에 있는 물을 흡수하는 성질을 말합니다. 눈이나 얼음에 소금을 뿌리면 눈이나 얼음이 녹아 생긴 물이나 대기 중의 수증기를 흡수하면서 소금은 녹아 분해됩니다. 소금이 분해되면서 열을 내면, 주변의 눈이나 얼음을 녹입니다. (STEAM 융합 문항)

——> 평가표 :

(1) 번 답이 맞는 경우	4 점
(2) 번 답이 맞는 경우	4 점
(3) 번 답이 맞는 경우	4 점
(1) + (2) +(3) 총합계	12 점

정답 및 해설

——> 정답 : (1) ① 습기 제거제로 쓰인다. 염화칼슘과 소금은 수분을 흡수하는 성질을 가지고 있기 때문이다.
② 냉각제로 쓰인다. 주변의 열을 흡수하여 온도를 낮출 수 있기 때문이다.

(2) ① 얼음에 소금을 붓는다.

② 얼음과 소금을 잘 섞는다.

③ 소금과 섞인 얼음 위에 주스를 놓고 젓는다.

얼음에 소금을 붓고 잘 섞으면 소금이 녹으면서 얼음 온도를 더 낮춰주기 때문에 주스가 얼 수 있다.

(3) 스케이트 날은 얼음 표면에 닿는 면적을 적게 해서 압력을 크게 한다. 압력이 커지면 얼음의 녹는점이 올라가면서 얼음이 녹고, 물이 생겨 스케이트가 미끄러지며 앞으로 나간다. 하지만 아이젠은 발톱을 뾰족하게 해서 얼음에 닿는 압력을 크게 하고, 발톱이 얼음에 꽂혀 미끄러지지 않도록 돕는다.

——> 해설 : 소금은 눈이나 얼음에 뿌리면 분해되면서 열을 내기 때문에 겨울에 빙판길 방지를 위해 주로 사용된다. 하지만 오히려 주변의 액체를 얼음으로 만들 수 있다. 소금이 물을 흡수하여 녹아 분해되고, 물보다 어는 점이 낮은 소금물이 된다. 소금이 물에 모두 녹아 분해될 때까지는 발열 과정이 계속된다. 이 과정은 고체에서 액체로 상태 변화하는 과정이므로 주변에서부터 열을 흡수하여 주변 온도를 낮춘다.

점수에 따른 성취도 등급

등급	1등급	2등급	3등급	4등급	5등급	총점
평가	41 점 이상	31 점 이상 ~ 40 점 이하	21 점 이상 ~ 30 점 이하	11점 이상 ~ 20 점 이하	10 점 이하	52 점

▶ 총 8 문제입니다. 문제 배점은 각 문항별 평가표를 참고하면 됩니다.

▶ 1 번 : 영재성 검사 문항 / 2 ~ 6 번 : 창의적 문제 해결 문항 / 7 ~ 8 번 : STEAM 융합 문항

▶ 각 문항은 유창성, 융통성, 독창성, 정교성 네 가지의 창의력 요소를 기준으로 평가하였습니다.

유창성 : 특정 문제에 대해 제한된 시간 내에 다양한 해결책을 생각해 내었는지를 평가합니다. 질문의 의도에 타당한 답변의 개수가 많을 수록 높은 점수를 받습니다.

융통성 : 한 문제에 대해 여러 분야를 넘나들며 많은 해결책을 제시하였는가를 평가합니다. 답안이 서로 분야 혹은 범주가 겹치지 않는 답변이 많을수록 높은 점수를 받습니다.

독창성 : 남들과는 다른 본인만의 방법을 제시하였는가를 평가합니다.

정교성 : 처음에 생각해낸 아이디어를 다듬어 발전시켜 표현할 수 있는지 확인하는 문항입니다. 제시된 답안과 가깝고, 원리를 정확하게 이해하고 답했는지 평가합니다.

문 01
P. 68

문항 분석 및 평가표

⟶ 문항 분석 : 해설 참조. (정교성) (영재성 검사 문항)

⟶ 평가표 :

답이 맞는 경우	4 점

출제자 예시답안

⟶ 무한이가 맨 처음에 잎을 1 개를 뜯는다. 이후에는 상상이가 잎 1 개를 뜯으면 무한이는 2 개를 뜯고, 상상이가 잎 2 개를 뜯으면 무한이는 1 개를 뜯어서 둘이 뜯은 잎의 갯수가 3 개가 되도록 한다.

위 방법대로 하면 1 번째 잎, 4 번째 잎, 7 번째 잎, 10 번째 잎, 13 번째 잎은 무조건 무한이가 뜯게 되며, 마지막 16 번째 잎도 무조건 무한이가 뜯을 수 있게 된다.

문 02
P. 69

문항 분석 및 평가표

⟶ 문항 분석 : 달은 낮과 밤이 14 일의 주기로 바뀝니다. 그래서 최고 온도와 최저 온도의 차이가 큽니다. 현재 과학자들은 달의 낮 최고 온도는 127 ℃ 까지 오르고, 밤 최저 온도는 −183 ℃ 까지 떨어지는 것으로 추정하고 있습니다. 또한, 달은 중력이 지구의 6 분의 1 밖에 되지 않고, 기압은 거의 0 에 가깝습니다. 기압이 낮으면 끓는점이 낮아지기 때문에 달에서 물을 뿌리면 얼지 않고 바로 증발해 버립니다. (정교성) (창의적 문제 해결 문항)

⟶ 평가표 :

유리 컵에 담겨 있던 경우 우유의 변화를 알맞게 쓴 경우	2 점
밀폐 용기에 담겨 있던 경우 우유의 변화를 알맞게 쓴 경우	2 점
총합계	4 점

출제자 예시답안

⟶ <밀폐 용기에 담겨 있던 우유>

① 우유는 신선하게 유지되어 있을 것이다. 밀폐 용기에 산소는 매우 적기 때문에 세균이 물질대사를 할 수 없어 죽는

다. 그래서 우유는 상하지 않는다.

② 달은 14 일을 주기로 온도가 아주 낮을 때가 있다. 이때 세균은 물질대사를 멈춰 죽고, 우유는 상하지 않은 상태로 있었을 것이다.

③ 달은 14 일을 주기로 온도가 아주 높을 때가 있기 때문에 이때 세균은 물질대사를 멈춘다. 그래서 이 시기 동안 세균은 죽고, 우유는 상하지 않은 상태였을 것이다.

④ 우유가 얼었다 녹기를 반복하면서 단백질이 물과 분리되고 변형되며, 중력에 의해 단백질이 밑으로 가라앉을 것이다.

<컵에 담겨 있던 우유>

① 달의 기압은 0 에 가깝다. 기압이 낮을 수록 끓는 점이 낮진다. 따라서 컵에 따라놓은 우유는 바로 증발해버려 영재가 발견했을 때는 우유가 남아 있지 않고, 단백질 성분들은 증발하지 않고 유리컵의 표면에 붙어 있을 것이다.

문 03
P. 70

문항 분석 및 평가표

⟶ 문항 분석 : 가장 처음에 만들어진 골프공은 홈이 없고 매끈하고 둥근 모양이었습니다. 하지만 골프채로 때려서 홈집이 난 공이 더 멀리 나간다는 것을 알게 되었고, 홈이 파인 골프공이 만들어지기 시작했습니다. (유창성, 정교성) (창의적 문제 해결 문항)

⟶ 평가표 :

골프공이 빠른 이유를 과학적으로 설명한 경우	5 점

출제자 예시 답안

⟶ ① 골프채와 골프공의 무게 차이가 아주 크기 때문이다.

② 골프공에 파여있는 작은 홈들이 공기 저항을 줄이기 때문이다.

③ 공의 탄성이 커서 골프채에 맞은 후 튕겨 나갈 때 반발력이 크기 때문이다.

④ 골프채를 휘두를 때 팔과 어깨, 그리고 허리까지 회전해서 골프채 속력이 빠르기 때문이다.

⟶ 해설: ① 운동량은 보존된다. 골프채는 골프공보다 아주 무거우므로, 둘이 충돌하였을 때 가벼운 골프공이 아주 빠른 속력으로 날아간다.

② 표면이 매끈한 공이 날아갈 때 공의 앞부분에 닿는 공기가 뒤에서 빠르게 분리되어 공의 뒷부분에 소용돌이가 생긴다. 소용돌이가 생기는 부분은 공기압이 낮아 공을 끌어당깁니다. 골프공의 홈들은 이런 소용돌이가 적게 발생하도록 만들기 때문에 더 빠른 속도로 공이 날아갈 수 있다.

③ 골프공은 고무를 플라스틱으로 감싸서 만들었기 때문에 탄성이 크다. 탄성이 큰 물체는 충돌하였을 때 에너지 손실이 적어 반발이 크다. 따라서 탄성이 큰 골프공은 에너지 손실이 적어 빠른 속도로 날아갈 수 있다.

④ 물체에 똑같은 힘을 오래 가할수록 물체의 속력이 더 빨라진다. ($v = \frac{1}{2} a t^2$) 따라서, 채를 머리 뒤쪽에서부터 휘두르는 골프는 다른 스포츠에 비해 채가 더 큰 에너지를 가질 수 있다.

문 04
P. 71

문항 분석 및 평가표

⟶ 문항 분석 : 주사를 맞는 부위는 크게 피부, 혈관, 근육으로 나뉩니다. 혈관에 놓는 주사가 가장 빠르게 몸에 흡수되고, 근육과 피부가 그 뒤를 잇습니다. 혈관 중에서도 정맥에 주사하면 약물이 1 ~2 분 내에 심장을 거쳐 신체의 필요한 조직에 도달하기 때문에 약효가 신속하지만, 약물이 갑자기 몸에 들어가기 때문에 몸 상태가 안 좋아질 위험도 있습니다. 또한, 미국에서는 엉덩이에 근육 주사를 놓는 것을 피하도록 권유하고 있다고 합니다. 엉덩이에는 중요한 신경이 지나가고 있어 주사를 잘못 맞으면 신체 마비가 올 수도 있기 때문입니다. (유창성, 정교성) (창의적 문제 해결 문항)

(1) 번 답이 맞는 경우	3 점
(2) 번 답이 맞는 경우	3 점
(1) + (2) 총합계	6 점

정답및해설

→ 정답 : (1) 팔보다 엉덩이의 근육이 크기 때문에 효과가 빠르고, 팔보다 근육에 무리가 덜 가기 때문이다.

(2) 근육 운동을 하면 근육에 많은 에너지가 필요하기 때문에 근육으로 가는 혈류가 증가하게 된다. 혈류가 증가하면 근육의 부피가 커지고, 겉으로 봤을 때 근육이 커진 것처럼 보인다.

→ 해설: (1) 근육에는 혈관이 풍부하다. 그래서 근육에 주사를 맞으면 약이 빠르게 흡수된다. 그중에서도 엉덩이에 근육이 가장 많기 때문에 엉덩이에 주사를 놓으면 많은 모세혈관으로 약이 빨리 흡수되어 약효가 빠르다. 팔에도 근육 주사를 놓지만, 팔은 엉덩이보다 근육이 작아서 약을 흡수하는 혈관이 적어 약효가 비교적 느리다. 또한, 근육이 작기 때문에 약물에 의한 근육의 피로도가 엉덩이보다 크다.

문 05
P. 72

문항 분석및 평가표

→ 문항 분석 : 고기를 사러 정육점에 가면 고기가 붉은색을 띠고 있는 것을 본 적 있나요? 이 붉은색은 고기의 피가 아니라, 고기의 근육 안에 '마이오글로빈' 이라는 철과 단백질로 이루어진 물질이 있기 때문입니다. 마이오글로빈 역시 헤모글로빈처럼 철이 산소와 결합하면 붉어 보이고, 산소와 떨어지면 어두운 색을 띠게 됩니다. 가끔 마트의 포장된 고기를 보면 갈색처럼 보이는 부분이 있는데, 마이오글로빈이 산소와 결합하지 못했기 때문입니다. (융창성, 정교성) (창의적 문제 해결 문항)

→ 평가표 :

(1) 번 원인을 산소의 유무와 관련지어 설명한 경우	3 점
(2) 번 답이 맞는 경우	3 점
(1) + (2) 총합계	6 점

정답및해설

→ 정답 : (1) 고기를 굽기 전에는 마이오글로빈 안의 철이 산소와 결합하면 붉은 색을 띠지만, 고기를 구우면 철이 산소를 잃어 갈색이 된다.

(2) 참치캔은 상온에서 오랫동안 보관을 하기 위해 참치를 금속에 넣고 고온·고압에서 푹 쪄서 세균을 죽인다. 이 살균 과정에서 참치가 익어 참치 살이 빨간색에서 살구색으로 변한다.

→ 해설: (1) 적혈구 안에 있는 헤모글로빈은 산소를 떼어놓았을 경우(디옥시 헤모글로빈)에는 어두운 붉은색을 띠지만, 산소와 결합(옥시헤모글로빈)하면 선명한 붉은색을 띱니다. 그래서 심장에서 나와 온몸으로 퍼지는 동맥혈은 산소가 많아 선명한 붉은색을 띠고, 온몸을 돌고 심장으로 들어가는 정맥혈은 어두운 붉은색을 띱니다. 마이오글로빈과 헤모글로빈의 철은 산소로 인해 상태가 변하기 때문입니다.

문 06
P. 73

문항 분석및 평가표

→ 문항 분석 : 지구에서 별을 관측할 때, 별이 지구에서 멀어진다면 별빛이 붉은색으로 보입니다. 이를 '적색편이'라고 하는데, 광원인 별이 지구에서 멀어지기 때문에 진동수가 작은 붉은색으로 보이는 것입니다. 대표적인 도플러 효과의 또 다른 예는 앰뷸런스의 사이렌 소리입니다. 앰뷸런스가 멀리서 다가오다가 다시 멀어질 때 사이렌의 소리가 높은 음에서 낮은 음으로 변합니다. (유창성, 정교성) (창의적 문제 해결 문항)

→ 평가표 :

답이 맞는 경우	5 점

---> 정답 : 혜원이는 건물 위에 있어야 한다. 마이크가 멀어져야 녹음되는 목소리의 진동수가 작아지기 때문이다.

---> 해설: 목소리는 진동수가 클수록 높은 음의 소리가 나고, 진동수가 작을수록 낮은 음의 소리가 난다. 음원과 관찰자가 일정한 속력으로 멀어지면, 진동수가 작아져 원래의 음원보다 낮은 소리가 들린다. 이때, 멀어지는 동안 음 변화는 없다. 하지만 음원과 관찰자가 점점 빠른 속력으로 멀어진다면, 멀어지는 동안 음높이가 계속 낮아지며 변한다.

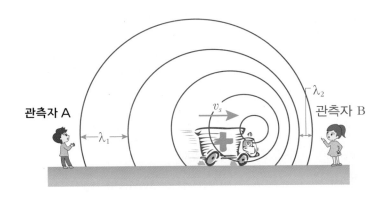

위 그림에서 앰뷸런스는 관측자 A 에게서 멀어지고 있습니다. 따라서 관측자 A 에게는 앰뷸런스의사이렌 소리의 파장이 길어지고, 진동수가 작아져 낮은 높이의 음올 들립니다. 반대로 앰뷸런스는 관측자 B 와 가까워지고 있습니다. 따라서 관측자 B 에게는 앰뷸런스 사이렌 소리의 파장이 짧아지고 진동수가 커져 높은 음의 소리가 들립니다.

문 07
P. 74

문항 분석 및 평가표

---> 문항 분석 : 전자파 흡수율은 생체 조직에 전자파가 얼마나 흡수되는지를 측정한 값입니다. 실제 인체를 대상으로 직접 측정하는 것이 곤란하기 때문에 인체와 비슷한 조건의 모델을 만들어 측정합니다. 따라서 실제 전자파 흡수량과 차이가 있을 수 있습니다.
　모든 전자기기에서는 전자파가 나오지만, 스마트폰의 위험성이 강조되는 이유는 통화할 때 귀에 스마트폰을 대면, 스마트폰이 머리와 가까워져 전자파 흡수율을 더욱 높이기 때문입니다. 스마트폰의 전자파가 뇌종양 등에 영향을 미친다는 연구 결과가 많이 나와 있지만, 아직 직접적인 연관성을 찾지 못해 종양 발생 위험성이 있는 요소로 분류되고 있습니다. (STEAM 융합 문항)

---> **평가표 :**

(1) 번 주장에 대한 근거가 합리적일 경우	3 점
(2) 번 과학적인 근거를 들어 답을 한 경우	2 점
(3) 번 과학적인 근거를 토대로 답을 쓴경우	3 점
(1) + (2) + (3) 총합계	8 점

출제자 예시 답안

---> (1) ① 직접적인 영향이 있을 것이다. 전자레인지에 두꺼운 고기를 넣어도 안까지 따뜻해진다. 스마트폰의 전파 파장은 더 길기 때문에 전자레인지의 마이크로파 보다 변형이 덜 된 상태로 우리 몸 깊이 들어갈 수 있기 때문이다.
② 직접적인 영향은 없을 것이다. 파동의 파장이 길수록 작은 에너지를 갖는다. 따라서 파장이 긴 전자파는 DNA를 변형시킬 정도의 에너지가 없기 때문에 우리 몸에 직접적인 영향을 미칠 수 없다.
(2) 효과가 없다. 작은 스티커로 스마트폰의 모든 전자파를 차단할 수 없다. 전자파는 파동이기 때문에 차폐를 하지 않

는 이상 회절하여 우리 몸에 닿기 때문이다.

(3) ① 통화 중 엘리베이터 안에 있을 때 몸에 닿는 전자파의 양이 많다. 엘리베이터는 사방이 금속으로 되어있어 전파가 엘레베이터 밖으로 나가지 못하고 반사되어 사람 몸에 닿을 수 있기 때문이다.

② 동시에 많은 사람이 통화하는 공간에서 몸에 닿는 전자파의 양이 많다. 많은 사람이 동시에 통화를 하면 통신기지에서 많은 양의 데이터를 보내기 때문이다.

③ 통신기지와 먼 거리에 있는 곳에서 통화할 때 몸에 닿는 전자파의 양이 많다. 거리가 먼 곳에 있으면 더 좋은 음질의 신호를 주기 위해 많은 전자파를 보내기 때문이다.

——> 해설: (2) 금속으로 둘러싸인 물체는 외부에서 오는 전자기파의 영향을 받지 않는다. 이를 '전자기 차폐'라고 한다. 금속에는 자유전자가 있는데, 전자기파가 금속에 부딪히면 자유전자가 움직여서 전자기파를 반사시킨다.

전자파는 파동이다. 따라서 회절을 한다. 벽 뒤에 있는 사람의 목소리가 들리는 이유는 소리의 파동이 회절하기 때문이다. 차폐하지 않는 이상, 전자파는 작은 금속 스티커가 붙어 있더라도 회절하여 몸에 닿는다.

문 08
P. 76

문항 분석 및 평가표

——> 문항 분석 : 해설 참조. (STEAM 융합 문항)

——> 평가표 :

(1) 번 합리적인 구별법을 쓴 경우	3 점
(2) 번 합리적인 구별법을 쓴 경우	2 점
(3) 번 합리적인 구별법을 쓴 경우	3 점
(4) 번 재현 방법을 합리적으로 쓴 경우	4 점
(1) + (2) + (3) + (4) 총합계	12 점

정답 및 해설

——> 정답 : (1) ① 골밀도를 측정한다.
② 상처의 유무와 개수를 확인한다.
③ 뼈의 성분을 분석한다.

(2) ① 염색체의 DNA 를 분석해서 각 뼈의 염색체가 일치하는지 확인한다.
② 뼈의 영양 성분을 확인하여 주로 섭취하였던 영양이 일치하는지 확인한다.

(3) ① 부리가 뭉뚝하고 휘었는지, 날카로운지 확인한다.
② 발톱이 날카로운지 확인한다.
③ 이빨 모양을 확인한다.
④ 위석의 존재 유무를 확인한다.
⑤ 위 속에 남아있는 잔해를 확인한다.

(4) ① 공룡과 유사한 파충류를 참고하며, 공룡의 뼈에 혀와 입술을 만들어 모형을 만든 후 공기를 불어 울음소리를 재현한다.
② 육식 공룡은 크고 위협적인 울음소리, 초식 공룡은 비교적 덜 위협적인 울음소리를 가졌을 것이다. 이를 염두에 두고, 몸집이 큰 육식 동물이나 초식 동물의 울음소리를 참고하여 울음소리를 재현한다.

——> 해설 : (1) ① 나이가 들수록 동물의 골밀도는 작아지므로, 골밀도로 나이를 가늠할 수 있다.
② 뼈에 상처가 많을수록 싸움이나 부상이 잦았던 것이다. 나이가 많은 동물일수록 싸움의 횟수가 많기 때문에 상처가 많을 것이다.
③ 나이에 따라 섭취한 영양이 다르므로, 뼈의 성분을 분석하면 나이를 예측할 수 있다.

(3) ① 부리가 뭉뚝하면 대부분 초식을 하는 동물이다.

② 육식동물은 잡은 고기를 꽉 잡아야 하므로, 대부분 뾰족한 발톱을 가지고 있다.

③ 육식동물은 날카로운 송곳니가 발달해 있고, 초식동물은 뭉뚝하고 넓은 어금니가 발달해 있다.

④ 초식동물들은 식물을 위에서 더 잘게 소화하기 위해 돌을 삼킨다.

⑤ 위 속에 뼈가 남아 있다면 육식, 혹은 잡식동물일 수 있다.

점수에 따른 성취도 등급

등급	1등급	2등급	3등급	4등급	5등급	총점
평가	41 점 이상	31 점 이상 ~ 40 점 이하	21 점 이상 ~ 30 점 이하	11 점 이상 ~ 20 점 이하	10 점 이하	50 점

· 아래의 표를 채우고 스스로 평가해 봅시다.

점검하기

단원	1회	2회	3회	4회	5회	6회
점수						
등급						

· 총 점수 :   / 303 점
· 평균 등급 :

전체 점수 성취도 등급

등급	1등급	2등급	3등급	4등급	5등급	총점
평가	241 점 이상	181 점 이상 ~ 240 점 이하	121 점 이상 ~ 180 점 이하	61 점 이상 ~ 120 점 이하	60 점 이하	303 점
	대단히 우수, 영재 교육 절대 필요함	영재성이 있고 우수, 전문가와 상담 요망	영재성 교육을 하면 잠재능력 발휘 할 수 있음	영재성을 길러주면 발전될 가능성 있음	어떤 부분이 우수한지 정밀 검사 요망	

스스로 평가하기

· 자신이 자신있는 단원과 부족한 단원을 말해보고, 앞으로의 공부 계획을 세워봅시다.

창의력과학 세페이드 시리즈 – 창의력과학의 결정판, 단계별 영재 대비서

1F 중등 기초
물리(상,하), 화학(상,하)

2F 중등 완성
물리(상,하), 화학(상,하),
생명과학(상,하), 지구과학(상,하)

3F 고등 I 물리(상,하), 물리
영재편(상,하), 화학(상,하), 생
명과학(상,하), 지구과학(상,하)

4F 고등 II
물리(상,하), 화학(상,하), 생명과학
(영재편,심화편), 지구과학(상,하)

5F 영재과학고 대비 파이널
(물리, 화학)/
(생물, 지구과학)

세페이드
모의고사

세페이드
고등 통합과학

창의력과학 아이앤아이 *I&I* 시리즈 – 특목고, 영재교육원 대비 종합서

창의력 과학 아이앤아이 *I&I* 중등
물리(상,하)/화학(상,하)/
생명과학(상,하)/지구과학(상,하)

창의력 과학 아이앤아이
I&I 초등 3~6

영재교육원 수학과학 종합대비서
아이앤아이 꾸러미

아이앤아이 영재교육원 대비
꾸러미 120제 (수학 과학)

아이앤아이 영재교육원 대비
꾸러미 모의고사 (수학 과학)

아이앤아이 영재교육원 대비

꾸러미 48제 모의고사

Ⅰ 영재교육원 준비 방법을 제시했습니다.

Ⅱ 1회당 8문항 총 6회분으로 구성하였습니다.

Ⅲ 각 회당 영재성검사 평가문제 1문항, 창의적 문제해결력 5문항, STEAM(융합)형 문제 2문항으로 구성하였습니다.

Ⅳ 각 교과영역, 창의성 영역, 창의적문제해결력 영역을 골고루 배분하여 출제하였습니다.

Ⅴ 출제자 예시답안 및 각 영역별 평가표를 제시하여 스스로 채점할 수 있게 하였습니다.

무한상상